建筑科普丛书

中国建筑学会　主编

# 乡土建筑

王召东　著

中国建筑工业出版社

# 建筑科普丛书

# 总　序

建筑学是一门服务社会与人的学科，建筑为人们提供了生活、工作的场所和空间，也构成了人们所认知的环境的重要内容。因此，中国建筑学会一直把推动建筑科普工作、增进社会各界对于建筑的理解与认知作为重要的工作内容和义不容辞的责任与义务。

建筑是人类永无休止的行动，它是历史的见证，也是时代的节奏。随着我国社会经济不断增长、城乡建设快速开展，建筑与城市的面貌也在发生日新月异的变化。在这个快速发展的过程中，出现了形形色色的建筑现象，其中既有对过往历史的阐释与思考，也有尖端前沿技术的发展与应用，亦不乏“奇奇怪怪”的“大、洋、怪”建筑。这些现象引起了社会公众的广泛关注，也给建筑科普工作提出了新的要求。

建筑服务于全社会，不仅受命于建筑界，更要倾听建筑界以外的声音并做出反应。再没有像建筑这门艺术如此地牵动着每个人的心。建筑，一个民族物质文化和精神文化的集中体现；建筑，一个民族智慧的结晶。

建筑和建筑学是什么？我们应该如何认识各种建筑现象？怎样的建筑才是好的建筑？这是本套丛书希望帮助广大读者去思考的问题。一方面，我们需要认识过去，了解我国传统建筑的历史与文化内涵，了解中国建筑的生长环境与根基；另一方面，我们需要面向未来，了解建筑学最新的发展方向与前景。在这样的基础上，我们才能更好地欣赏和解读建筑，建立得体的建筑审美观和赏析评价能力。只有社会大众广泛地关注建筑、理解建筑，我国的建筑业与建筑文化才能真正得到发展和繁荣，才能最终促进美观、宜居、绿色、智慧的人居环境的建设。

本套丛书的第一辑共6册，由四位作者撰写。著名的建筑教育家秦佑国教授，以他在清华大学广受欢迎的文化素质核心课程“建筑的文化理解”为基础，撰写了《建筑的文化理解——科学与艺术》《建筑的文化理解——文明的史书》《建筑的文化理解——时代的反映》3个分册，分别从建筑学的基本概念、建筑历史以及现当代建筑的角度为读者提供了一个认知与理解建筑的体系；建筑数字技术专家李建成教授撰写了《漫话BIM》，以轻松明快的语言向读者介绍了建筑信息管理这个新生的现象；资深建筑师祁斌撰写的《建筑之美》，以品鉴的角度为读者打开了建筑赏析的多维视野；王召东教授的《乡土建筑》，则展现了我国丰富多元的乡土建筑以及传统文化与营造智慧。本套丛书后续还将有更多分册陆续推出，讨论关于建筑之历史、技术与艺术等各个方面，以飨读者。

总之，这套建筑科普系列丛书以时代为背景，以社会为舞台，以人为主角，以建筑为内容，旨在向社会大众普及建筑历史、文化、技术、艺术的相关知识，介绍建筑学的学科发展动向及其在时代发展中的角色与定位，从而增进社会各界对于建筑的理解和认知，也积极为建筑学学生、青年建筑师以及建筑相关行业从业人士等人群提供专业学习的基础知识，希望能够得到广大读者的喜爱。

# 前　言

建筑科普丛书——《乡土建筑》展现我国丰富多元的乡土建筑，以及传统文化与营造智慧。乡土建筑是民间自发组织建造并与传统生活相关的一系列建筑，是建筑文化遗产的重要组成部分。我国乡土建筑形式多样、造型古朴，强调与自然共生的建筑空间、细部的修饰等，都极富创造性和独特性，有着深厚的文化内涵和地域特点。对中国乡土建筑的充分认识，将有助于在地域建筑设计上探求新的线索，为本土建筑师提供优丰富的创作源泉。

第一章主要介绍乡村聚落的类型、空间形态以及与风水的关系。第二章介绍中国乡土民居中的合院式、单栋式、移居的类型和特点。第三章介绍宗祠的起源和一些宗祠实例。第四章介绍中国乡土的庙宇，并列举出了我国乡土民间常见的庙宇类型。第五章介绍乡土建筑中的亭、牌坊、桥、塔、楼等建筑类型。

本书图文并茂地介绍我国乡土建筑，旨在向社会大众普及乡土建筑的相关知识，增进社会各界对于乡土建筑理解和认知，同时也为青年建筑师、建筑学学生，以及建筑相关行业从业人士等人群提供专业学习的基础知识。由于编写的水平与工作条件限制，书中可能存在一些失误与不足，敬请读者批评指正。

# 目 录

# 第一章

# 乡土聚落概述

如果世界上的艺术精华，没有客观价值标准来保护，恐怕十之八九均会被后人在权势易主之时，或趣味改向之时，毁损无余。一个东方老国的城市，在建筑上，如果完全失掉自己的艺术特性，在文化表现及观瞻方面都是大可痛心的。

——梁思成，《为什么研究中国建筑》

## 乡土聚落类型

中国乡土聚落是古人在天人合一、崇尚自然的传统哲学观念的指导下，在中国特定的地理条件和社会条件的影响下，构建与发展的聚落环境。经过几千年的创造与实践，使得传统乡土聚落文化博大精深、质朴多彩，同时闪烁着中华民族智慧之光。

从根本上来说，乡土聚落的形成和发展是人类为了生存而进行的人地关系协调和选择的结果，反映了聚落与自然地貌、经济社会、文化之间的关联性。

### 自然地貌的影响与聚落类型

传统乡土聚落与自然地貌有着密切的依存关系，根据不同的自然地貌，乡土聚落可分为三种类型。

**丘陵地区聚落：**受到丘陵地理环境的影响，该类型聚落通常位于坡度较低的丘陵南坡，或低岗地上。为了尽量少的占用农田，聚落布局一般较为紧凑。聚落内部的主要道路随地形曲折，形态较为随意；民居空间利用合理，屋前屋后用地较为平坦（图 1-1）。

**山区聚落：**该类型聚落多位于山脚或山腰，背靠山坡。由于朝阳面空间有限，如果场地面积较小，则顺应山地形态成组团环抱状；反之，则紧靠一侧山坡，尽可能地留出场地中部空地以提供更多的耕地。人工或天然的溪流河水从聚落中流过，沿两岸往往分布着狭长的田地。由于山区宽阔场地较小，聚落一般小而分散，往往是三里一村、四里一寨，承载的人口数量有限（图 1-2）。

**平原、盆地聚落：**该类型聚落大多交通便利、空间开阔，聚落分布密集，建筑以天井式或天井院式为主。由于地区水土丰茂，居民常会在聚落前挖掘水塘蓄水，供牲畜饮用或浇灌。同时，为

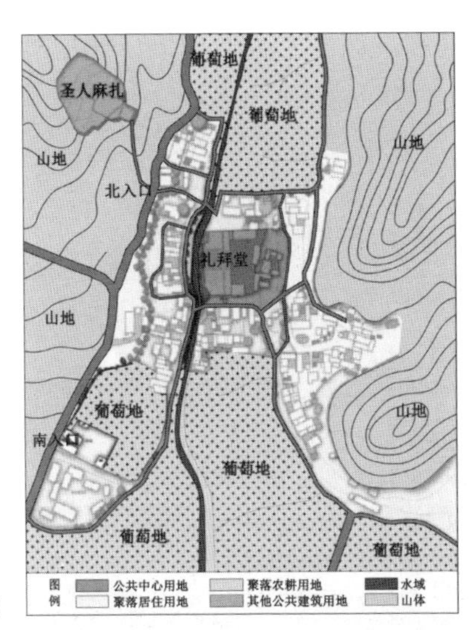


图 1-1

新疆鄯善县吐峪沟乡麻扎村用地布局图。

麻扎村，位于吐峪沟大峡谷南出口的沟谷中，有1700多年的历史，是迄今新疆现存的最古老的维吾尔族村落。村落总体沿着穿村而过的苏贝希河两岸呈南北延伸的带状布局。先民为了生存需要，适应自然环境，就地取材，充分利用黄黏土造房，并巧妙地采用了垒、掏、砌、糊、挖、搭、拱等形式。该村是迄今为止我国最为完好保存生土建筑材料的村庄，被称为“中国第一土庄”。

图 1-2

山西省平顺县岳家寨。

左上：俯瞰岳家寨；右：别有风味的建筑；左下：因山就势的梯田。

岳家寨，位于平顺县北部河谷、浊漳河南岸的石山上，坐落在断层形成的山体平台山嘴之上，依山筑建，东、南临绝壁，被称为“太行空中村”。村落规模不大，仅三十多户。村民就地取材，用石头筑居，形成一座座高低错落的石房，以及一条条精雅有致的石巷。

了避免洪水侵袭，居民常将房屋建在较高的二级台地上。如江西婺源古村落群（图 1-3）。

图 1-3

江西婺源古村落群。

左上：理坑村；右上：汪口村；左下：虹关村；右下：思溪延村。

婺源古村落群地处赣东北，村落一般选址于前有流水、后靠青山的地方，是当今中国古建筑保存最多、最完好的地方之一（至今仍完好地保存着明清时代的古府第 28 栋、古民宅 36 幢、古祠堂 113 座、古桥 187 座）。古村落的民居建筑群，依山而建，面河而立，户连户，屋连屋，灰瓦白墙，鳞次栉比，布局紧凑而典雅，有“中国最美丽的村庄”之称。理坑村，始建于北宋末年，被誉为“中国明清官邸、民宅最集中的典型古建村落”；村落位于一条呈袋形的山谷中段，山谷长约 5000 米，虽然村子所在的地方最宽，但宽度也不到 300 米，理源水沿着这条峡谷缓缓流经村前。汪口村，是一个以俞姓为主，聚族而居的徽州古村落，是典型的宗族社会乡村；同时，汪口村十八个溪埠码头与十八条街巷相连，中间有官路正街以路为市，使汪口成为一个万商云集、舟船相连的“商埠名村”，参与开辟了称雄中国商界的徽商时代。虹关村，建于南宋，有“吴楚锁钥无双地，徽饶古道第一关”之称；村落背靠青山，面临清溪，房屋群落与自然环境巧妙结合，是徽州古村落的典范。思溪延村，以明清古建筑为主，背靠青山，面临清溪和稻田，村落与优雅自然风光融为一体；村落内部较为完整地保存有 56 幢清代商人建造的古民居，被称为“清代商宅群”。

## 经济、社会的影响与聚落类型

社会和经济对于聚落的形成有一定的推动作用。如为了保证区域内军需的供给，在资源优越的地区进行屯田驻军，进而不断发展成聚落；在交通要塞，利用优势的地理区位形成驿站，进而逐渐发展成聚落；在村民自保和统治阶级便于管理的双重力量的驱动下，在地理环境较为复杂或偏僻的地方构筑寨堡，进而逐渐发展成聚落等。

图 1-4

江西省龙南县杨村镇的燕翼围。上：燕翼围整体俯视图；中左：2米高的麻石墙基，上面有若干传声道；中右：围门；下：围屋上密布的枪眼。

燕翼围，是座四层楼高、层层环通的砖木结构方形围，由杨村富户赖福之于1650年所建，是赣南客家围屋中最高的一座，也是防御功能最完善的一座。围高14.3米，墙厚1.45米，用糯米浆、石灰、桐油粘固砖，异常牢固；外墙密布枪眼，4座炮楼形成无死角的火力网；2米高的麻石墙基，上面有若干传声道；只有一道门，由外铁门、中闸门、内木门组成，围门一关，就难以入内；门的内侧上方有泻水孔，如敌人用火烧门，就浇水将火扑灭。

## 宗族观念的传承与聚落类型

以家族或宗族为纽带，通过家规和血缘关系聚居在一起的聚落也较为多见，这是中国传统社会聚族而居的聚居方式的具体体现。该类型聚落主要有院落组合和寨堡两种形态，依靠血缘在内部形成纽带，同时营造宗祠等建筑在外部进行教化，既增强了内部的凝聚力，又强化了家族的适应和生存能力（图 1-5）。

图 1-5

陕西省韩城市党家村。

左：风水塔——文星阁；右上：古寨入口；右下：瞭望楼—看家楼。

党家村位于陕西省韩城市东北，被国内外专家誉为“东方人类古代传统文明居住村寨的活化石”。全村以党、贾二姓为主，民居建筑精良，公共设施齐全，避难防御安全。村中有祠堂、私塾、宝塔、节孝碑、看家楼、暗道、哨门城楼、神庙、老池、古井、火药库等公共建筑和功能特殊的一些构筑物；20 多条巷道主次分明，纵横贯通。其中，看家楼为三层砖砌方形阁楼，14.5 米高，主要功能为防御；文星阁为六层六角形风水塔，37.5 米高，各层内部供奉有牌位、外观有砖雕牌匾，寄托着村民“修身治家”的生活理想。

## 乡土聚落的空间形态

乡土聚落的空间形态主要分为外部形态和内部结构。外部空间形态主要表达的是聚落与周围环境的关系，它与特定的生产方式和自然环境条件有关；内部空间结构反映的是聚落居民的社会组织结构和文化结构，与人们具体的生产、生活方式有关。

### 乡土聚落的外部空间形态

乡土聚落的外部空间形态具体表现为聚落用地整体的几何特征。受自然地形地貌的影响，主要分为集聚型和散漫型两种。集聚型聚落（图 1-6）一般形成于地形相对平坦的平原、盆地地区或川谷平坝地区；一般临近水源，有良好的供水条件。得益于这些优越的外部条件，这些聚落的发育一般都较为成熟。散漫型聚落（图 1-7）一般形成于土地资源贫瘠的山区，因为地形陡峻，资源承载力有限，居民常为了尽可能接近耕地，不得已分散居住，一般三五成聚，形态不固定。

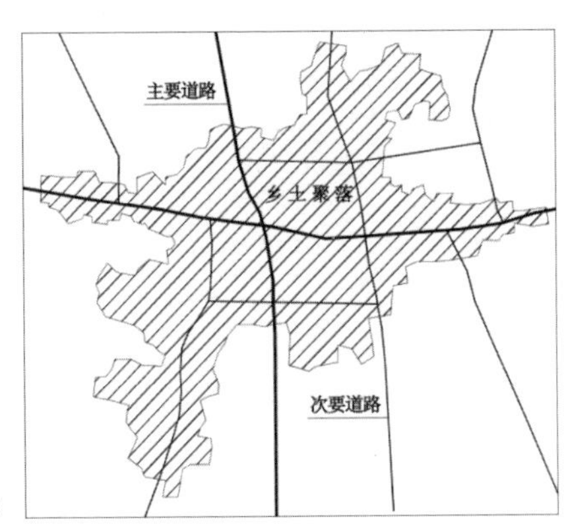


图 1-6
集聚型聚落示意图

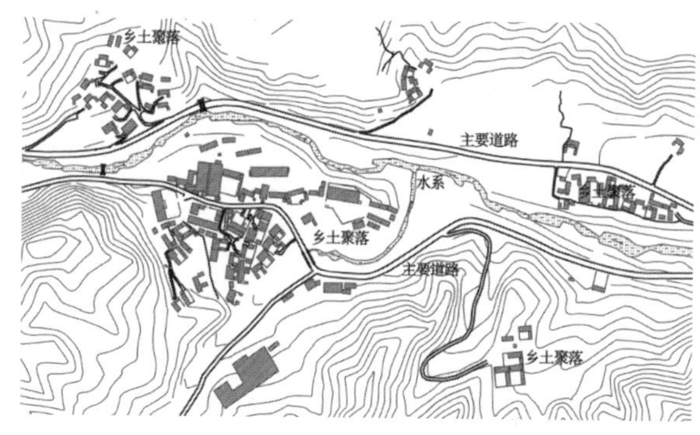


图 1-7
散漫型聚落示意图

## 乡土聚落的内部空间结构

聚落的内部结构主要是聚落内部物质空间要素的组织和布局，主要包括耕地、民居、街巷以及公共活动空间，如商铺、祠堂、庙宇、活动广场等（图 1-8）。

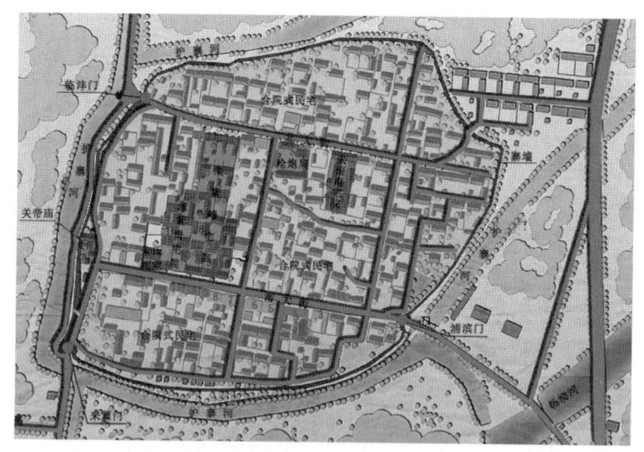


图 1-8
河南省郏县临沣寨平面布局图。
临沣寨，位于河南省郏县堂街镇，为一洼地型古村落，杨柳河、北汝河绕寨而过。寨墙由一种浅红色条石砌筑，围长约 1100 米，高 6 米多，有 800 个城垛。临沣寨的洼地聚落、雄伟的红石古寨墙、潺潺的古护寨河与保存完好的明清时期古民居、宗祠、关帝庙融为一体，是全国罕见的保存完好的古寨，有“中原第一红石古寨”之称。

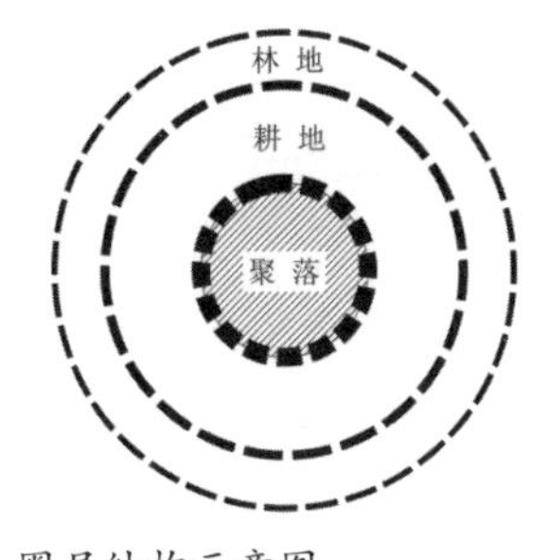


图 1-9
圈层结构示意图

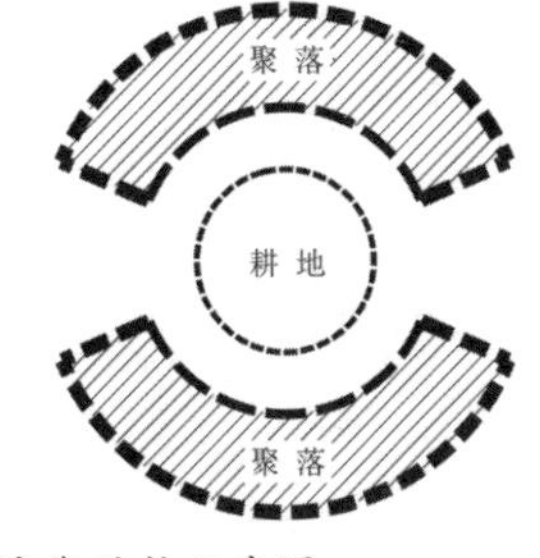


图 1-10
离散结构示意图

**耕地与宅地：**中国传统社会以农业为主，耕地与宅地的空间分布是人地关系相互适应的结果，奠定了聚落内部空间结构的总体格局。一般来说，当土地肥沃、地势平坦而开阔时，聚落内部会形成以宅地为中心、耕地环置四周的圈层结构，以突出中心，形成较强的内聚力（图 1-9）；在耕地相对减少的河川谷地，耕地一般分布在川谷或河道两侧，宅地则会以耕地为中心，呈离散状分布，以尽可能保留更多的耕地（图 1-10）。

**街巷：**一方面是聚落内部空间结构形式上的骨架，另一方面在功能上承担着聚落内外空间及聚落内部各功能空间的组织和联系。因聚落所处的自然地形条件、外部空间形态及规模等不同，聚落的街巷格局常会表现出不同。在平原地区，聚落规模一般较大，内部功能分异明显，路网等级分明且线型平顺。从街巷的功能来讲，不仅有过境道路，还会有商业街和生活巷道；在川谷及山区，聚落规模一般较小，内部功能结构单一，路网等级不明确。过境路通常兼有商业街功能，沿河道或川谷线性布置，巷道则以主要道路位中心分散状布局。

**住宅与院落：**住宅是聚落内部空间结构中最基本的细胞单元。受到中国传统居住模式的影响，住宅常以合院为原型，但会根据营建过程中的实际条件，在空间围合方式和朝向关系上进行变通，以充分适应用地条件和街巷分布，具体表现为各具特色的适应地

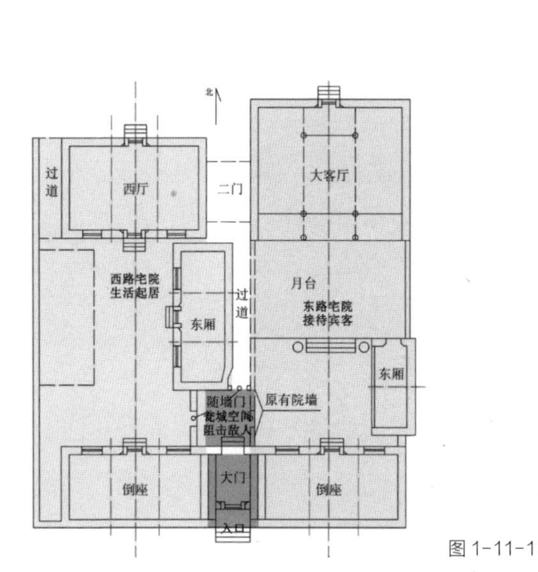


图 1-11-1

河南省郏县临沣寨朱紫峰宅院平面布局图

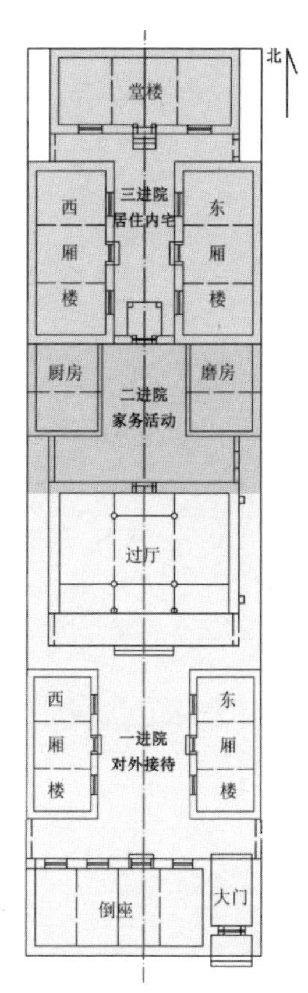


图 1-11-2

河南省郏县临沣寨朱紫贵宅院平面布局图

形及环境的院落空间 ( 图 1-11)。

**公共空间与中心：**公共空间主要包括寺庙、宗祠、商业街巷、景观节点等，既可以满足人们多样的生活和心理需求，同时也可以建构聚落精神上和空间形态上的中心，是乡土聚落内部空间结构中最为鲜活和生动的部分。寺庙具体分为土地庙、龙王庙、孔庙、财神庙等，既可以承载聚落的历史遗存，也能够反映人们的现实需求；宗祠是家族的圣殿，是中国传统社会以血缘为中心的社会关系的空间体现。寺庙和宗祠既是教化的场所，同时也是人们内心慰藉和联系的纽带，靠着位置上的优越性和建筑形态上的标志性，逐渐演化为聚落中居民进行公共活动的重要的空间节点以及承载历史记忆和心理寄托的精神中心；商业街巷一方面为居民提供了对外交流的主要场所，另一方面也丰富了聚落的功能；聚落中的景观节点，包括临水聚落中的廊桥、岸堤、河畔，以及聚落中心或入口的古树等，居民经常在这里乘凉、晾晒、洗衣，在恬静的环境中交流和嬉戏，从而构成乡土聚落中最为诗意的场景。

## 风水与乡土聚落

中国传统风水文化与民间的江湖风水文化不同。后者是一种江湖术士谋生的手段；而前者则是人类为了安定生活的生存法则，是一门环境科学，它崇尚“天人合一”“天人相应”，以“天、地、人和谐”为最高准则，指导人类择地建宅。例如，古代居民在确立聚落的外部环境，并进行建筑建造时需要对气候、地质、地貌、生态、景观等环境因素进行综合评判，古称为堪舆，也即今天所说的风水。按照风水理论，“阳宅须较择地形，背山面水称人心，山有来龙昂秀发，水须围抱作环形，明堂宽大斯为福，水口收藏积万金；关煞二方无障碍，光明正大旺门庭”（《阳宅集成》）（图1-12）。这种对环境的选择涵盖了对于地形地貌、土质情况、气候环境、水源水质、植被绿化和环境景观等因素的全面考虑。

**卜居：**是中国乡土聚落选址的重要内容，这在很多家谱资料里都有记载。如徽州《昌溪太湖吴氏宗谱》卷一：“吾家宗派始自歙西溪南，自宋时，由九世祖一之公者卜有吉地。”

形局，即地理格局。中国乡土聚落选址强调形局完整，认为

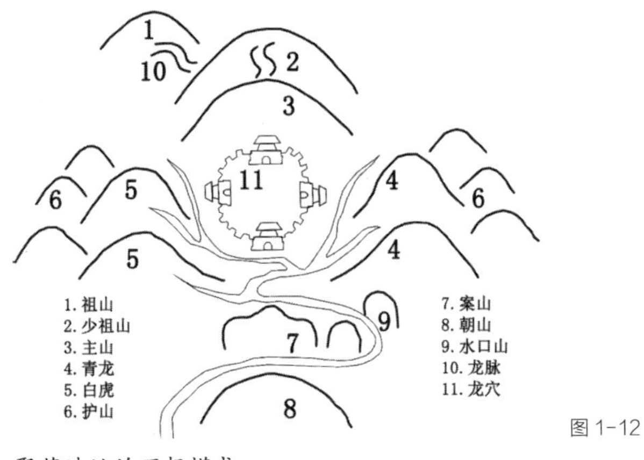


图 1-12

聚落选址的理想模式

聚落所倚之山应来脉悠远,起伏蜿蜒;并有流水环抱。例如徽州《尚书方氏族谱》卷三对“荷村村基图”的叙述是:“慕山水之胜而卜居焉,……阡陌纵横,山川灵秀,前有山峰耸然而特立,后有幽谷窈然而深藏,左右河水回环,绿林阴翳……”事实上,对形局的选择也是古人对工程地质条件的选择。

**水龙:**平原或少山之地的聚落常以水为龙脉(图 1-13)。正如《水龙经》云:“有山傍山,无山傍城。有水就水,无水依形。平洋之地以水为龙,水积如山脉之住,水流如山脉之动。水流动则气脉分飞,水环流则气脉凝聚。大河类干龙之形,小河乃支龙之体。后有河兜,荣华之宅;前逢池沼,富贵之家。左右环抱有情,堆积积玉。”

**构景:**中国乡土聚落的选址非常注重景观优美,即“山川秀发”“绿林阴翳”。徽州《弯里裴氏宗谱》中说:“鹤山之阳黟北之胜地也,面亭子而朝印山,美景胜致,目不给赏。前有溪清波环其室,后有树葱茏荫其居,悠然而虚渊然而静,……惟裴氏相其宜度其原,卜筑于是。”

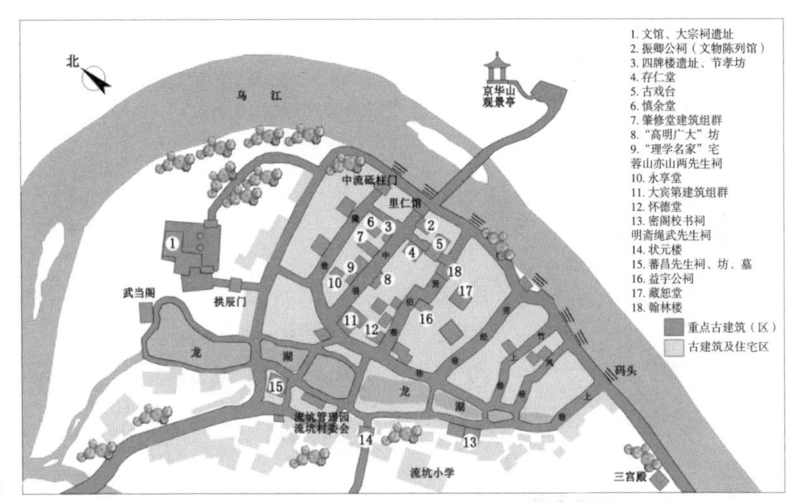


图 1-13

“千古第一村”——江西省乐安县流坑村。

流坑村以规模宏大的传统建筑、风格独特的村落布局闻名，被誉为“千古第一村”。村落背靠金鼓峰，四面青山环抱，所谓“天马南驰，雪峰北耸，玉屏东列，金绛西峙”；乌江水自村东南方的崇山峻岭中迤逦而来，至村缘转绕而西，使流坑三面绕水。古村形同一只停靠在码头边的竹木排。传说这是杨筠松先生给流坑做了“活水排形”的风水。所谓“活水排形”，即通过人工挖掘一串七口绵延相连的池塘，将乌江活水引入池塘中，称为“龙湖”；七口池塘每一个池塘连接处都有一座石拱桥贯通全村，形成了一个“活水排形”的风水格局。这种布居使流坑村处在一种山环水抱、活水相通的环境之中。同时，“龙湖”的石拱桥和乌江岸的码头相连，形成七条古巷道，与村中心龙湖旁一条南北向的大竖巷相联、形成“七横一竖”的梳子形状。在七条巷子垂直的方向还有许多小巷交叉沟通，七条巷子首尾均修建了巷门望楼。

**水口：**某一地区水流进或流出的地方。中国乡土聚落尤为重视水口的选择和水口地带景观的建构，把水口作为出入的要道以及聚落的标志（图 1-14）。《地学简明》曰：“凡一乡一村，必有一源水，水去处若有高峰大山，交牙关锁，重叠周密，不见水去，……其中必有大贵之地。”

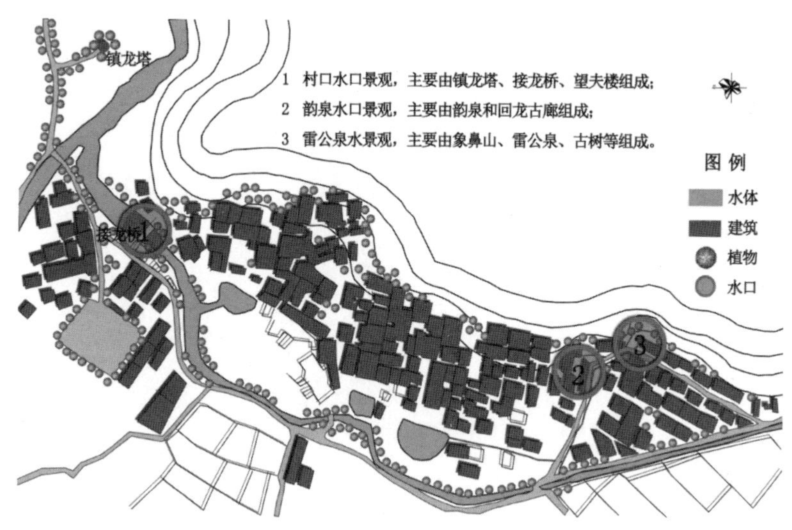


图 1-14

湖南郴州市板梁古村平面图。

板梁村历史久远，初建于宋末元初，强盛于明清时代，距今有600多年历史。整个古村背靠象岭平展延伸，依山就势，规模宏大。村前有七层古塔，小河绕村而下，三大古祠村前排列，村内建有庙祠亭阁、旧私塾、古商街、古钱庄等；古驿道穿村而过，石板路连通大街小巷。板梁古村蕴藏着中国古老的宗法仪式、儒学传统、风水观念、哲学意识、建筑技巧、生态原理等，被誉为规模最大、保存最全、风水最好、文化底蕴最厚重的“湘南第一村”。

**风水补救措施：**中国乡土聚落常采用“补风水”的措施对不理想的风水格局进行补救。具体做法有：①引水法，在没有水源的聚落，居民常会想方设法引水入村，根据生态学理论，引水的位置多位于宅南或宅前，以利于改善微气候；②植树法，通过种植树木以形成“风水林”是平原及不靠山的地区弥补风水格局的常用手法，树木的种植不仅可以起到挡风聚气、保养水土、维护小环境生态的作用，还能使聚落小环境在形态上完整，在景观上更富有生机；③建塔法，从风水上讲，水口山要尖耸、笔直，对不理想的水口山，则需要人工补救，一般可修建“文峰塔”“文昌塔”“魁星楼”等。《相宅经纂》曰:“凡都省府州县乡村,文人不利,不发科甲者，可于甲、巽、丙、丁四宇方位上，择其吉地，立一文笔尖峰，只要高过别山，即发科甲。或于山上立文笔，或于平地建高塔，皆为文笔峰。”以上三种“补风水”的措施，在客观效果和聚落景观方面都起到了重要的作用。“引水法”和“植树法”增加了聚落的生机，“建塔法”丰富了聚落景观的空间际线。

# 第二章

# 民居

在较保守的城镇里，新潮激发了少数人的奇思异想，努力对某个“老式的”建筑进行所谓的“现代化”，原先的杰作随之毁于愚妄。最先蒙受如此无情蹂躏的，总是精致的窗牖，雕工俊极的门屏等物件。

——梁思成，“华北古建调查报告”

中国各地的居住建筑，又称民居。居住建筑是最基本的建筑类型，出现最早，分布最广，数量最多。由于中国各地区的自然环境和人文情况不同，各地民居也显现出多样化的面貌。民居的平面布局、结构方法、造型和细部特征也就不同，呈现出淳朴自然而又有着各自的特色。而不同地区的特色民居又反映出与当地生活生产方式、习俗、审美观念密切相关的特征。

民居的功能是实际的、合理的，设计是灵活的，材料构造是经济的，外观形式是朴实的。因此，可以说，民居反映了建筑中最具有本质的东西。特别是广大的民居建造者和使用者是同一的，自己设计、自己建造、自己使用，因而民居的实践更富有人民性、经济性和现实性，也最能反映本地的地方特色。

## 合院式民居

合院式民居的形制特征是组成院落的各幢房屋是分离的，住屋之间以走廊相联或者不相联属，各幢房屋皆有坚实的外檐装修，住屋间所包围的院落面积较大，门窗皆朝向内院，外部包以厚墙。这种民居形式在夏季可以接纳凉爽的自然风，并有宽敞的室外活动空间；冬季可获得较充沛的日照，并可避免寒风的侵袭，所以合院式是中国北方地区通用的形式，盛行于东北、华北、西北地区。

### 方正式院落住宅（如北京四合院、昆明“一颗印”）

**北京四合院。**

**起源：**北京四合院作为老北京人世代居住的主要建筑形式，驰名中外，世人皆知（图 2-1、图 2-2）。自元代正式建都北京，

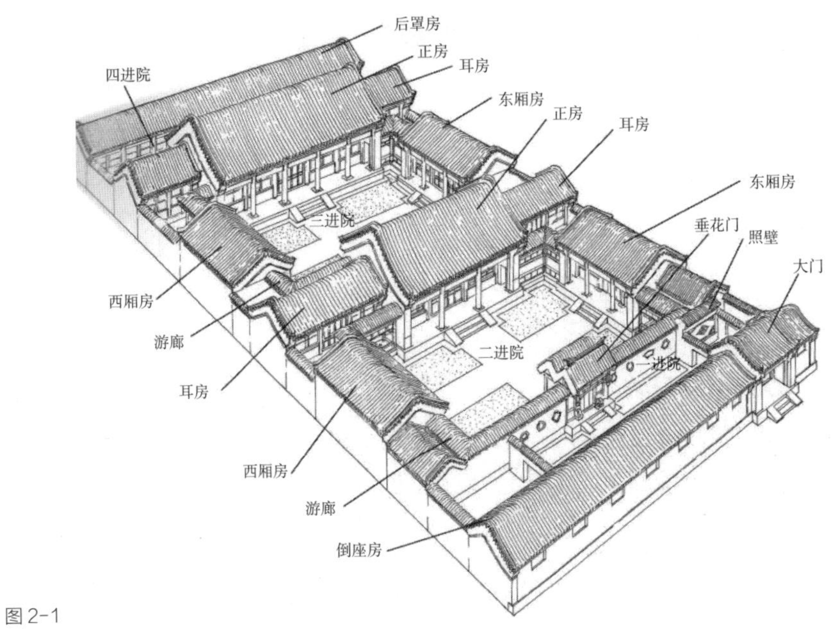


图 2-1

四进院落的北京四合院

图 2-2

北京四合院实景

大规模规划建设都城时起，四合院就与北京的宫殿、衙署、街区、坊巷和胡同同时出现了。据元末熊梦祥所著《析津志》载："大街制，自南以至于北谓之经，自东至西谓之纬。大街二十四步阔，三百八十四火巷，二十九街通。"这里所谓"街通"即我们今日所称胡同，胡同与胡同之间是供臣民建造住宅的地皮。分布地区为北京地区。当时，元世祖忽必烈"诏旧城居民之过京城老，以赀高（有钱人）及居职（在朝廷供职）者为先，乃定制以地八亩为一分"，分给迁京之官贾营建住宅，北京传统四合院住宅大规模形成即由此开始。明清以来，北京四合院虽历经沧桑，但这种基本的居住形式已经形成，并不断完善，更适合居住要求，形成了我们今天所见到的四合院形式。

**结构与功能：**北京四合院的型制规整，十分具有典型性，在各种各样的四合院当中，北京四合院可以代表其主要特点。首先，北京四合院的中心庭院从平面上看基本为一个正方形，其他地区的民居有些就不是这样。譬如晋中南、陕西一带的四合院民居，院落是一个南北长而东西窄的纵长方形，而四川等地的四合院，庭院又多为东西长而南北窄的横长方形。其次，北京四合院的东、西、南、北四个方向的房屋各自独立，东西厢房与正房、倒座的建筑本身并不连接，而且正房、厢房、倒座等所有房屋都为一层，没有楼房，连接这些房屋的只是转角处的游廊。这样，北京四合院从空中鸟瞰，就像是四座小盒子围合一个院落。典型的北京四合院是由三进院落组成，沿南北轴线安排倒座房、垂花门、正厅、正房、后罩房。每进院落有东西厢房，正厅房两侧有耳房。院落四周有穿山游廊及抄手游廊将住房联在一起。大门开在东南角。大型住宅尚有附加的轴线房屋及花园、书房等。宅内各幢住房皆有固定的使用用途，倒座房为外客厅及账房、门房；正厅为内客厅，供家族议事；正房为家长及长辈居住；子侄辈皆居住在厢房；后罩房为仓储、仆役居住及厨房等。这种住居按长幼、内外、贵贱的等级秩序进行安排，是一种宗法性极强的封闭型民居。关起门来自成天地，具有很强的私密性，非常适合独家居住。院内，四面房子都向院落方向开门，一家人在里面和亲和美，其乐融融。由于院落宽敞，可在院内植树栽花，饲鸟养鱼，叠石造景。居住者不仅享有舒适的住房，还可分享大自然赐予的一片美好天地。

**装饰与文化：**北京四合院蕴含着深刻的文化内涵，全面体现了中国传统的居住观念。从择地、定位到确定每幢建筑的具体尺度，都要按风水理论来进行。风水学说，实际是中国古代的建筑环境学，是中国传统建筑理论的重要组成部分，这种风水理论，千百年来一直指导着中国古代的营造活动。四合院的装修、雕饰、彩绘也处处体现着民俗民风和传统文化，表现一定历史条件下人们对幸福、美好、富裕、吉祥的追求。如以蝙蝠、寿字组成的图案，寓意“福寿双全”，以花瓶内安插月季花的图案寓意“四季平安”，而嵌于门管、门头上的吉辞祥语，附在檐柱上的抱柱楹联，以及悬挂在室内的书画佳作，更是集贤哲之古训，采古今之名句，或颂山川之美，或铭处世之学，或咏鸿鹄之志，风雅备至，充满浓郁的文化气息，登斯庭院，有如步入一座中国传统文化的殿堂。北京四合院能在历史上存在数百年，是因为它具有其他住宅建筑难以并论的优点。今天，当都市现代化的脚步逐渐加快，重重叠叠的高楼大厦兴起的时候，人们，尤其是世代生长在京华的老北京人，会对四合院产生一种特殊的眷恋之情。北京四合院，这种古代劳动人民精心创造出来的民居形式，伴随人们休养生息成百上千年，留给人们心目中的印象是极深刻的，留给历史的遗产是极丰厚的。

图2-3
昆明“一颗印”民居模型

**昆明“一颗印”住宅。**

**起源：**昆明“一颗印”住宅是云南昆明地区汉族、彝族普遍采用的一种住屋形式(图2-3)。云南高原地区，四季如春，无严寒，多风，故住房墙厚重。最常见的形式是毗连式三间四耳，即子房三间，耳房东西各两间。子房常为楼房（由于山区，地方小，潮湿），为节省用地，改善房间的气候，促成阴凉，采用了小天井。“一颗印”住宅高墙型小窗是为了挡风沙和防火，住宅地盘方整，外观方整，当地称“一颗印”，又叫窨子屋。分布地区为云南、陕西、安徽等地。

**结构与功能：**正方、耳房毗连，正房多为三开间，两边的耳房，有左右各一间的，称“三间两耳”；有左右各两间的，称“三间四耳”。正房、耳房均高两层，占地很小，很适合当地人口稠密、用地紧张的需要。正房底层明间为堂屋、餐室，楼层明间为粮仓，上下层次间作居室；耳房底层作厨房、柴草房或畜廊，楼层作居室。正房与两侧耳房连接处各设一单跑楼梯，无平台，直接由楼梯依次登耳房、正房楼层，布置十分紧凑。大门居中，门内设倒座或门廊，倒座深八尺。“三间四耳倒八尺”是“一颗印”的最典型的格局。天井狭小，正房、耳房面向天井均挑出腰檐，正房腰檐称“大厦”，耳房腰檐和门廊腰檐称“小厦”。大小厦连通，便于雨天穿行。房屋高，天井小，加上大小厦深挑，可挡住太阳大高度角的强光直射，十分适合低纬度高海拔的高原型气候特点。正房较高，用双坡屋顶，耳房与倒座均为内长外短的双坡顶。长坡向内，短坡向外，可提升外墙高度，有利于防风、防火、防盗，外观上罄墙高耸，宛如城堡。建筑为穿斗式构架，外包土墙或土坯墙。正房、耳房、门廊的屋檐和大小厦在标高上相互错开，互不交接，避免在屋面做斜沟，减少了漏雨的薄弱环节。整座“一颗印”，独门独户，高墙小窗，空间紧凑，体量不大，小巧灵便，无固定朝向，可随山坡走向形成无规则的散点布置。

**装饰与文化：**“一颗印”住宅大多坐北朝南，门内有门，大门照壁上方尚留有色彩斑斓的绘画，或大禽猛兽，或松菊梅兰，中门来贵人才开。跨过高高门槛，里面是天井，几百年的风雨侵蚀，使青石板上长满了青苔。廊阶铺的也是青石板，大的有 4m 长，1m 多宽。院子都为两层穿斗式木结构小楼。堂屋门前很多挂有木匾，有的勉强看出是“艺苑先声”，有的已辨不出颜色。进屋来，地面一律是用石灰、桐油、瓷粉混合筑就的“三合泥”，这样的地面平整光亮而不滑，凉爽而不潮湿。再看厅堂和居室的门雕、格扇、栏杆都十分精巧，图案家家不同样，但都有福禄寿禧、封侯拜相的吉祥寓意。（就是一个五层的台阶，也要建得一级比一级宽，一步比一步高，意谓步步高升。在中国人的思想深处，有一种对阴阳相融和谐的追求，保护两股力量的对称均势。这种中庸和谐的哲学思想存在于中国人生活的方方面面，这一点也真切地体现在高椅的建筑格局中，高椅中的两方池塘最为传神准确地表达出这一特点。）

图2-4

三坊一照壁民居

**大理井型住宅。**

**起源：**明清时期，大理一带的经济和文化已经基本上与内陆地区处于同一水平。在民居建筑方面，早就采用汉族式的木构架、土坯墙、瓦顶建筑的白族人，开始根据本民族、本地区的特点，创造出一种与汉族民居大同小异的三合院和四合院。分布地区为云南大理、洱源、剑川、鹤庆等白族聚居区。

**结构与功能：**白族民居的平面布局和组合形式一般有“一正两耳”“两房一耳”“三坊一照壁”“四合五天井”“六合同春”和“走马转角楼”等。采用什么形式，由房主人的经济条件 和家族大小、人口多寡所决定。白族民居的大门大都开在东北角上，门不能直通院子，必须 用墙壁遮挡，遮挡墙上一般写上“福”字。“三坊一照壁，四合五天井”是白族民居建筑中最基本、最常见的型式（图2-4）。三坊一照壁的三坊，每坊皆三间二层，正房一坊朝南，面对照壁，主要供老人居住；东、西厢房二坊由下辈居住。正房三间的两侧，各有“漏角屋”两间，也是二层，但进深与高度皆比正房稍小，前面形成一个小天井或“一线天”以利采光、通风及

图2-5
四合五天井民居

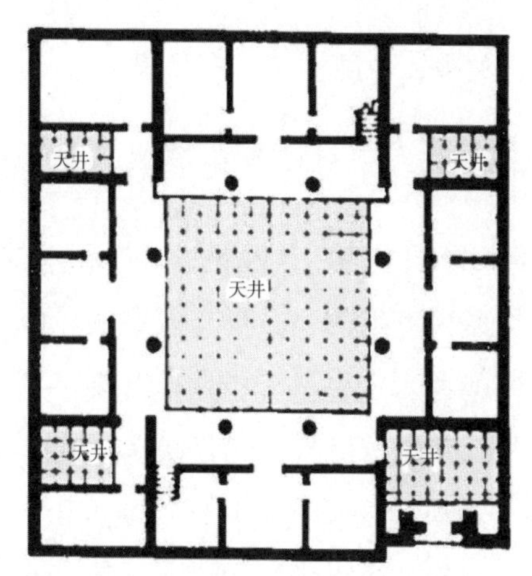

图2-6
四合五天井平面

排雨水。通常，一边的漏角屋楼上楼下作卧室或书房，也有作杂物储藏室的；另一漏角屋常作厨房，高为二层但不设楼层，以便排烟。漏角屋的入口一般在厢房厦子的端墙上，设门控制。

四合五天井为大理白族民居中另一种常见的型式（图2-5、图2-6）。与三坊一照壁不同点在于去掉了正房面对的照壁而代之以三间下房的一坊，围成一个封闭的四合院，同时在下房两侧又增加了两个漏角小天井，故名为四合五天井；四坊多为三间二层（厢房、下房也有一层的），但正房一坊的进深与高度皆大于其他各坊，其地坪也略高，多朝东、南，在四个漏角小天井中必有一个用于大门入口，设门楼，亦多朝东、南。以白族四合院与北京四合院为例作大致的比较，首先从主房的方位来看，北京四合院的主房以坐北朝南为贵；而白族民居的主房一般是坐西向东，这与大理地处由北向南的横断山脉帚形山系形成的山谷坝子的特点有关，依山傍水，必然坐西向东。其次，北京四合院的住房大多是一层的平房，而白族民居基本上都是两层。

**装饰与文化：**白族民间建筑为二层楼房，三开间，筒板瓦盖顶，前伸重檐，呈前出廊格局。墙脚、门头、窗头、飞檐等部位用刻有几何线条和麻点花纹的石块（条），墙壁常用天然鹅卵石砌筑。墙面石灰粉刷，白墙青瓦，尤耀人眼目。白族崇尚白色，其建筑外墙均以白色为主调。从院落布局、建筑结构和内外装修等基本风格来看，白族民居与中原民居建筑有着传统 上的承袭。由于自然环境、审美情趣上的差异，白族民居又有自己明显的民族风格和地方特色。

## 北方纵深式院落民居（晋中南、关中、中原、陕甘宁民居）

**晋中南民居。**

**起源：**晋中南目前所遗留的四合院多为清代及民国时期所建，也有部分为明代遗存。这些四合院保存完好，布局与造型丰富多样，细部华丽精美，达到了很高的艺术水平。分析其得以保存完好至今的原因大致有二：一是砖石等建筑材料，尤其锢窑建筑形式大量用于四合院的构建，利于建筑物的长期留存；二是由于清代晋中南商品经济的发展与票号兴起，资本积累大幅度上升，使其具有了建筑豪华家宅的经济实力。这样，质量较好的商贾大宅不断涌现，从而带动了晋中南四合院民居建筑整体水平的普遍提高。分布地区在山西中南部。

**结构与功能：**晋中南的传统四合院大多与华北地区的北京、天津、河北等地民居四合院形式大体相同，一般将三至五开间的正房放在正北南向主轴线上，东西布置三开间的厢房，南边放置三开间的倒座，倒座东端设置住宅大门，完全符合“坎宅巽门”的风水要求。四周住房组成的内院较为狭长，大都在1∶0.3 ~ 1∶0.5左右。更高级一些的住宅则在倒座与内院之间形成一个带形前院，用垂花门加以分割。四合院还可横向或竖向并联组成更大更多的院落，供人口多的大户居住。晋中南民居更多的是由多进三合院竖向延伸，一般为二三进，各进间多用垂花门或腰门分割形成各自独立的狭长空间，大门多居中开。各进院落的室外地坪均采取逐进递增手法，以加强最后一进主房的气势。晋中南四合院规模不一，类型多样，但总的来讲，其基本构成元素主要有宅门、倒座、院落、厢房、正房等几部分。对于规模较大的多进四合院，各院落间由垂花门或过厅串联。通过这几个基本元素的多重组合，产生了多种合院类型。以一座最简单的坐北朝南的四合院为例，正房向南，厢房处东西两侧，倒座与正房遥遥相对，院子由这四组建筑围合而成。然后再辅以院墙，形成对外封闭、对内开敞，有明确中轴线，左右对称、布局合理的四合院居住形态。晋中南民居四合院与北京四合院虽然同属北方的四合院类型，可是两者在四合院型制、建筑形式、装饰风格等方面均有较大的区别。晋中南四合院以其鲜明的个性，成为四合院家族中独具特色的一支。晋中南四合院具有良好的居住环境、舒适的居住条件、灵活的空间组织，为人们提供了舒适的生活场所。严谨的空间序列、对称的布局、沿轴线空间等级的递进，反映了宗族合居中尊卑、男女、长幼的等级差别，用空间的差异区分了人群的等级关系，传统的封建礼教思想在四合院中得到了充分的体现。

**装饰与文化：**晋中南是“九边重镇”，自古战事频繁，商贾大户尤其注重住宅的安全。防御性在晋中南民居中被着重强调：院落封闭的外观显示出对外界的戒备，这一切似乎使晋中南民居产生一种冷漠的表情。院子对外的山墙一般都不开窗，且高大壁立，外观封闭。晋中南民居院落外墙皆为灰色清水砖墙，颜色古朴单一，外观高耸封闭。但由于造型各异的宅门、脊饰、烟囱帽、风水楼与风水影壁的共同作用，使建筑沿街轮廓线丰满舒展。民居虽古拙而不陈旧，统一而不单调，丰富而不凌乱，细腻而不琐碎。在外观塑造中，华美的宅门是重点中的重点，这些在宅门形式、做工精良程度等方面有所反映。晋中南四合院宅门有府第门、垂

图2-7

晋中南民居

图2-8

晋中南平遥古村落

花门、车马门……材料有木构、石砌、砖雕等，色彩或艳丽或肃穆，辅之以木雕、匾额、柱饰、砖雕、石兽等等细部装饰，更增加了宅门的艺术魅力。正如梁思成先生所言，“外雄内秀”是晋中南民居的特色（图 2-7、图 2-8）。

**关中民居。**

**起源：**陕西“关中”地区，有“八百里秦川”的美誉。据考证，中国最早的房屋建筑便出现在这块土地上。经过了千百年的变迁，关中民居以自己独有的古朴恢宏的建筑风格，在中国的民居建筑中自成一派。关中民居历史悠久，目前在各城镇中还保存不少明清年代的民居。其中西安、三原和韩城等地的民居尤其具有代表性。无论在土地利用、平面布局、空间处理及内部装修等方面都不失为这方面的范例，是我国建筑文化的宝贵遗产。迄今该地区一些新建的民居，在平面布局、空间处理及建筑造型等方面，不少还保留着传统民居的风格和特点（图 2-9、图 2-10）。

**结构与功能：**“关中民居的建筑布局是很符合中国传统的建筑布局特点的，西安的民居尤具有代表性，具有平面布局紧凑、用地经济、选材与建造质量严格、室内外空间处理灵活、装饰艺术水平高等特点。布局上，房屋都呈对称布置，中轴明确，以厅堂串起来层层院落形成狭长的两进或者三进的院子。”关中地区夏季炎热，防晒就成了居住建筑的首要需求。有的民居两邻共用一个墙，各盖半边，厢房向院内收缩，而两厢檐端距离也非常小，夏季院内就会形成大片的阴影区，避暑效果好。此外，关中地区历来地少人多，传统民居宅院布置密集，院落非常狭窄。“四合院一般坐北朝南，由倒座、前院、厦房、厅房、后院、上房这几部分组成。倒座是院子最前面的房子，与正房相对。”一般院子会有 3 ~ 5 间的倒座，一般都是家里的仆人住着，有时候也会另

图2-9

关中民居（一）

图2-10

关中民居（二）

作他用。倒座、厅房、两边的厦房形成前院。每个院落之间又有厅房过渡，厅房一般是前后开门，可以由中间通过厅堂走到后院。过去的大户人家，前院比较宽敞，是主要从事生产活动和一部分日常交往的功能空间。在建筑用料、建造质量以及装修精致程度都高于偏院的其他建筑。关中民居大多数房屋采用硬山式坡屋顶，对建筑整体造型要求尤为突出。许多老民居都在正房上再增加一层阁楼，仅作储藏物品用，主要起装饰作用，主要目的是使院落的外部形象显得高低错落。

关中民居虽然具有自己的地方风格和特点，但其平面关系与空间组织仍属于中国传统院落式的民居模式。它的主要布局特点是多沿纵轴布置房屋，以厅堂层层组织院落，向纵深发展的狭长平面布置形式。归纳起来，关中民居的平面模式有：独院式、纵向多进式、横向联院式以及纵横交错的大型宅院。

**装饰与文化：**关中民居有着丰富的文化背景以及建筑理念，传统民居的布局及空间处理都比较严谨，多数为传统的四合院、三合院，但院落层次较多，错落有致，颇具气势。多数民居屋面为小式瓦作，屋檐加飞椽，多用雕砖或镂空瓦片来装饰。其中最具特色的当属雕刻了。关中历代官甲富商在建造住宅时，不太追求建筑的色彩和材料的贵重，多通过雕刻来装饰。一堵影壁、一段花墙、一扇门窗甚至一块方砖之上的各种精美绝伦的雕饰，均体现了主人的人生理想与道德追求。有些大院建筑在檐廊部分还设有檐柱，为保证结构受力合理，檐柱一般不加雕饰，而在底部的柱础部位和顶部交接处会有一些复杂的设计。一般会在梁额（横梁）与檐柱的交接处饰以雀替和挂落，雀替有龙、凤、仙鹤、花鸟、花篮、金蟾等各种形式，雕法则有圆雕、浮雕、透雕等，极大地丰富了建筑与环境的过渡空间。

图 2-11
中原民居脊兽——鹅脖

**中原民居。**

**起源：**河南古称中原，位于中国中东部、黄河中下游，太行山脉以东，被称为“中州”，是中华文明主要发源地。其传统民居建筑在地理环境、气候条件、生活方式和文化风俗等诸因素的影响下，形成了具有地域特色的民居艺术，蕴藏着独特的文化特色，具有重要的传承价值和研究意义（图 2-11）。中原民居的产生和发展受到了诸多因素的影响。民居类型呈现多样的建筑风格，具有我国传统民居建筑的共同特征，同时又有自身独特的地域特色。不仅符合在中原自然地理环境特征下形成的人们的生活方式，也具有着明显的地域性、文化性、阶级性、民族性等特征。中原地区的建筑，大约在西周末期完成了屋檐由支承到悬挑，屋面由茅茨到敷瓦的变革，形成了上有脊梁、下有屋檐的民宅结构及抬梁、穿斗屋架，凹曲面屋盖以及斗栱等中国古建筑的若干特征经过滥觞、发展、完善，在东汉末已基本完成，并一直传承下来。现存的中原民居大多建于清代，虽然历经风雨和“文革”的破坏，仍难掩其自身魅力。河南民居建筑是华夏民族智慧的结晶，在中国建筑史上具有重要地位，是珍贵的河南文化遗产。在科学技术、社会经济快速发展的今天，更显现出其对人类的珍贵价值。

**结构与功能：**中原地区合院式传统民居的建筑形制中，三合院与四合院分布广泛。全国各地的合院在形式上大致相同，无论是三合院，还是四合院，合院由三面或四面面房屋围合而成，整个院落也以中轴线为中心对称分布，建筑院落基本上比较狭窄。整座院子大多坐北朝南，因为我们国家在北半球，北方地区在北回归线以北，整个冬天日照偏南，主要刮西北风，这样的朝向有利于采光取暖和防风抗寒。大多数正常朝向的合院大门均设于东南角，面朝南开。按照八卦的概念，东南属于巽位，主生，最为吉利。合院中最为高大的堂屋居于合院中轴线上，相对低矮的厢房在两侧对称分布，“合院式民居能成为主要传统建筑形制，除了礼制方面的因素，私密性的考虑和防风的作用亦是其广泛采用的原因”。同样传统建筑大门外设影壁墙，除遮挡视线以外，防风亦是作用之一。20 世纪 50 ~ 80 年代的中原民居院落的基本形制发生一些变化，不再是严格的四合院或者三合院，很多只有东厢房或者西厢房，建筑简化，清水屋脊流行，但大多依然遵循坐北朝南、大门开东南方的传统。

**装饰与文化：**中原民居建筑功能明确，建筑群体风格统一，建筑布局相得益彰；空间变化错落有致，轮廓线亲和有力，建筑立面丰富多样。其合理的构造，简朴的形式，宜人的尺度，用材的自然，朴素淡雅的色调，精美的木雕、砖雕、石雕，均表达了中原人民对美的追求（图 2-12 ~图 2-14）。中原传统合院式民居的形成是以中原地区文化特色为依托的具有地域特征的建筑形式。建筑形式中所包含的汉民族的建筑思想主要是儒家伦理和道

图 2-12

李渡口村民居山花

图 2-13

康百万庄园

图 2-14

临沣寨民居墀头

家的阴阳八卦。其中最重要的内容是礼制，要求建筑形制能充分地体现“长幼有序、尊卑有别、男外女内”秩序要求。能满足这样的礼制要求是以门堂制为特征的合院式住宅，因此合院式住宅成了中原地区的居住建筑的主要形式。

## 横长式院落民居

**川渝宽院。**

**起源：**川渝民居受地形制约而形成独特风格。由于盆地湿热，民居必须出檐以挡雨，又必须敞开门窗而使空气流通。由于山地较多，民居建在山坡横向并列，不宜纵深发展，因地制宜，不拘方向。以务实为特色。川渝民居由于受地形、气候、材料、文化和经济的影响，在融汇南北的基础上自成一体，独具鲜明的地方特色。

**结构与功能：**川渝民居流行穿斗式木架构，以柱承檩椽，很少用梁。柱密，柱间穿插枋木（图 2-15）。这样，可以使较小的木材

图 2-15

四川省宜宾市江安县夕佳山官宅

发挥作用，不必到深山老林砍粗树。川渝民居有明显的中轴线而又不受中轴线的束缚，体现着一种自由灵活的平面布局，打破了那种对称谨严的格局。利用曲轴、副轴，使建筑随地形蜿蜒多变，曲折迭进，宜左宜右，忽上忽下，充满自然情趣。空间大、中、小结合，层次丰富，有小中见大的效果。在封闭的院落中设敞厅、望楼，取得开敞而外实内虚的效果。室内外空间交融，善于利用室外空间，将建筑空间结合环境自由延伸，使人工建筑与自然环境相映增辉。

**装饰与文化：**川渝民居包含着极其丰富的建筑文化，这种文化与历史、人文等因素息息相关，不但表达了民居主人的文化品位、社会地位，同时也包涵着人们的祈求和愿望，以及在满足居住功能之外的某种追求。民居中的门楼的装饰、窗格的变化及围护结构的美化等，最能体现这种文化内涵。民居建筑中，在使用多功能的天井、檐廊和巧妙设置的望楼、碉楼等方面有独到的处理手法，取得了独特的艺术效果。川渝民居注重环境，巧妙利用自然地形，做到人、环境、艺术的有机结合。川渝民居极其注意与环境的融合，大多依山临水，后高前低，层层拔高，与四邻环境协调，并用古林修竹、挖池堆石加以点化，使之具有特殊的韵味。如峨眉山徐宅，地处万年寺附近，木结构的灰瓦屋顶，外观朴实并与山野相融。其选址十分讲究，背依群山，面向秀林，虚实结合，错落有致，既是观赏峨眉山风光的好地方，又与峨眉山秀丽多姿的景色十分谐调。

**南方横长式厅井民居（徽州民居）。**

**起源：**徽州民居，指徽州地区的具有徽州传统风格的民居，是中国传统民居建筑的一个重要流派，也称徽派民居，是实用性与艺术性的完美统一（图 2-16 ~ 图 2-18）。自秦建制两千多年以来，悠久的历史沉淀，加上北亚热带湿润的季风气候，加之在这块被誉为

图 2-16

歙县宏村民居

图 2-17

徽派建筑门楼

图 2-18

徽派民居马头墙

“天然公园”里生活的人们以自己的聪明才智，创造了独树一帜的徽派民居建筑风格。分布地区在徽州，今安徽黄山市、绩溪县及江西婺源县。古徽州下设黟县、歙县、休宁、祁门、绩溪、婺源六县。

**结构与功能：**徽州民居充分利用“高低向背异、阴晴众豁殊”的地形环境，以阴阳五行为指导，千方百计去选择风水宝地，选址建村，以求上天赐福，衣食充盈，子孙昌盛。在古徽州，几乎每个村落都有一定的风水依据。或依山势，扼山麓、山坞、山隘之咽喉；或傍水而居，抱河曲、依渡口、汊流之要冲。有呈牛角形的，如婺源西坑；呈弓形者，如鹜源太白司；有呈带状的，如鹜源高砂；有呈之字形的，如鹜源梅林；有呈波浪形的，如黟县西递；有呈云团聚形的，如歙县潜口；有呈龙状的，如歙县江村；还有半月形、丁字形、人字形、口子形、方印形、弧线形、直线形等。形态各异，气象万千。旧时徽州城乡住宅多为砖木结构的楼房。明代以楼上宽敞为特征。清代以后，多为一明（厅堂）两暗（左右卧室）的三间屋和一明四暗的四合屋。一屋多进。大门饰以山水人物石雕砖刻。门楼重檐飞角，各进皆开天井，通风透光，雨水通过水枧流入阴沟。俗称“四水归堂”，意为“财不外流”。各进之间有隔间墙，四周高筑防火墙（马头墙），远远望去，犹如古城堡（图 2-19、图 2-20）。

图 2-19

徽派木雕

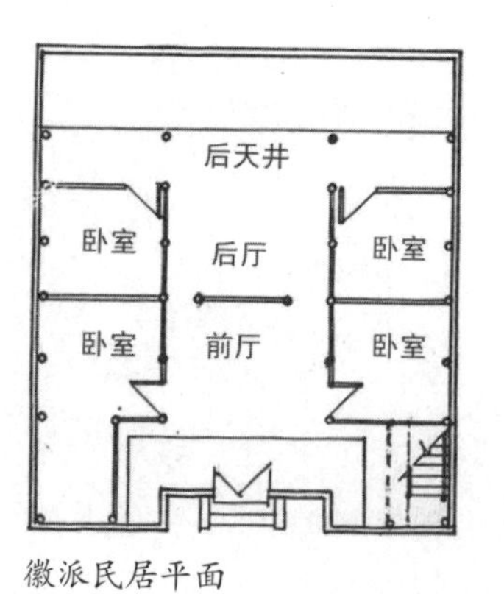


图 2-20

徽派民居平面

**装饰与文化：**实用性与艺术性的完美统一，是徽州民居的又一典型特点。徽州古民居，大都依山傍水，山可以挡风，方便取柴烧火做饭、取暖，又给人以美感。村落建于水旁，既可以方便饮用、洗涤，又可以灌溉农田，美化环境。徽居的古村落，街道较窄，白色山墙宽厚高大，灰色马头墙造型别致。这种结构，节约土地，便于防火、防盗、降温、防潮，使各家严格区别，房子的白墙灰瓦，在青山绿水中，十分美观。徽居的天井，可通风透光，四水归堂，又适应了肥水不流外人田的朴素心理。在徽州古民居建筑中，儒家严格的等级制度以及尊卑有别、男女有别、长幼有序的封建道德观表现得也十分明显。

**粤闽纵深式厅井民居（粤闽竹筒屋）。**

**起源：**竹筒屋，顾名思义，因其门面窄而小，纵深狭长，形似竹筒，所以称竹筒屋。竹筒屋还有一种叫法，那就是“商铺屋”。广州的竹筒屋产生于19世纪（图2-21）。当时广州工商业进入一个快速发展的时期，城市人口迅速增加，城内地皮开始供应紧张，地价上升，在这种形势下，竹筒屋这种商住屋建筑形式应运而生，成为近代广州传统住宅形式之一。普通市民和部分富裕人家都成为其居住者。从20世纪初开始，随着广州工商业的发展，竹筒屋或称商铺屋亦随之迅速发展。广州的竹筒屋具有低层、高密度、适于南方气候的特色。

**分布地区：**除广州以外，竹筒屋还分布于省内珠江三角洲、西江流域以及汕头、湛江等地。海南岛海口市以及福建、广西也有许多这类屋式。越南河内及东南亚一些城市也有竹筒屋。

**结构与功能：**竹筒屋是单间建筑。其开间小，进深大，两者之比由1∶4至1∶8不等，宽不过4～5m。短者7m左右，长者

图2-21
广州竹筒屋

达20多m。呈长方形，排列在狭小街道两旁。竹筒屋一般分为前、中、后三部分。前部为大门和门头厅；中部为大厅，内设神楼，大厅为单层，较高，后部为房和厨房、厕所。三部分以天井隔开，以廊道联系。门口设有三重大门，外面为脚门，中间是趟栊，里面是对开的厚硬木门，具有采光、通风、保安的功能。竹筒屋很少朝外开窗，完全形成封闭式。楼上临街一面设有内阳台，阳台用木质或有图案的彩瓷筒作护栏，多为半月形。阳台既可采光通风，晾晒衣物，又可作消闲休息，观望街景，是竹筒屋唯一一处关闭底楼大门后通向外界的"空中楼阁"。竹筒屋面窄进深大，通风、采光、排水及交通主要靠天井和巷道来解决。进深加长则天井相应增多。因屋高高达四五米，故常常设夹层和楼梯。竹筒屋的墙基以麻石砌筑，墙身用青砖、瓦顶、木构架、山墙承重。民国以后，由于西方建筑技术传入，竹筒屋也发生较大变化，木结构换成了钢筋水泥结构，层数也随之增加，屋顶改为平顶。这种新式竹筒屋被称为"洋楼"。

**装饰与文化：**传统竹筒屋的装饰集中在最顶层的楼面，有各种不同的具有岭南传统风格的图案设计。新式的竹筒屋增加很多西洋风格的装饰。

## 东南内庭式民居

### 福建土楼。

**起源：**福建土楼产生于宋元时期，经过明代早、中期的发展，明末、清代、民国时期逐渐成熟，并一直延续至今。它是中国历史动荡和民众大迁徙的产物，也是世界上独一无二的山区大型夯土民居建筑，创造性的生土建筑艺术杰作（图 2-22、图 2-23）。

图 2-22

土楼内部（一）

图 2-23

土楼内部（二）

**分布地区：**土楼分布在福建、江西、广东三省的客家地区。

**结构与功能：**福建土楼的形状有圆形、方形、椭圆形、弧形等。依山就势，布局合理，吸收了中国传统建筑规划的“风水”理念，适应聚族而居的生活和防御的要求，巧妙地利用了山间狭小的平地和当地的建筑材料，是一种自成体系，具有节约、坚固、防御性强的特点，又是极富美感的生土高层建筑类型。土楼的建筑材料是黏土、杉木、石头和竹片。一是闽西一带生土黏性强，作为建材干后很坚硬；二是客家人在宽厚的墙体中加入竹片和杉木，它们能起到牵扯的作用；三是房屋主体采用土木结构，巧施穿斗方法，整体更加稳固。另外，一些大户人家还在墙泥中搅拌了糖、蛋清、糯米等黏性物质，犹如给整堵墙注了一剂强力胶，使之固若金汤。这样的土楼具有抗震、防盗和冬暖夏凉等优异性能。它巍峨、凛然，堡垒式威严的外观表现出强烈的防御性。但内部却温馨、亲和，每个房间都用纤细的木构件组成，居住空间对内院开敞，便于交流和互助，从而让人备感亲切。和其他经典民居不同，“福建土楼”至今人丁兴旺，相处和谐，文化繁荣，是客家人族聚生活形态的“活标本”。

**装饰与文化：**倚山偎翠，方圆错落，似古堡巍峨苍朴，如现代体育馆气势恢宏，像地下冒出的“蘑菇”绚丽多彩，赛从天而降的“飞碟”壮观神奇，这就是客家土楼。以生土夯筑，却巧夺天工。安全坚固，防风抗震，冬暖夏凉，阴阳调和，处处洋溢着客家人的聪明才智。福建土楼体现了客家人与大自然和谐相处的人居理念。就地取材，用最平常的土料筑成高大的楼堡，化平凡为神奇。土楼的选址或依山就势，或沿循溪流，建筑风格古朴粗犷，形式优美奇特，与青山、绿水、田园风光相得益彰，组成了适宜的人居环境以及人与自然相互依存的人文景观。这里，建筑材料取自大地，荒废时又回归大自然，是早期环保节能型生态建筑的经典。这种节约型和节能型的建筑与规划模式，在钢筋水泥不断肆虐和步步紧逼的今天，仍具有不可忽视的魅力和启示价值。客家土楼作为一种独特的地域性建筑，深深扎根于中国的乡村社会。作为乡土建筑，土楼的价值不仅仅体现在单体建筑的技术价值、文化价值和美学价值上，也表现为土楼之间形成的整体性的、群体性的家族聚居的模式上（图 2-24）。数十户、几百人同住一楼，反映出客家人聚族而居、和睦相处的家族传统。这种人际关系的和谐，是耕读为本、忠孝仁义的中国传统文化的典范，是群体文化模式的见证。

图 2-24 福建永定土楼

**西北曲尺式民居（新疆阿以旺民居）。**

**起源：**新疆维吾尔自治区地处我国西北边疆，在中部有一条天山山脉横贯东西全境，将新疆分成自然条件有明显差异的南疆和北疆。北疆属温带大陆性干旱半干旱气候，降水量较南疆较多。南疆则极其干旱少雨，沙漠距民居聚居地近，风沙大，昼夜温差也很大。怎样的居住建筑才能躲避风沙、日晒，营造舒适的人居环境呢？“阿以旺”这个有着三百多年历史的新疆传统民居中的奇葩，巧妙地解决了这个问题。分布地区在新疆地区。

**结构与功能：**阿以旺是一个封闭型、内庭式的平面布局，在这方面倒是和北京四合院有着几许相似（图 2-25）。这样的内向型布局不仅抵抗了风沙的袭击，而且也不与自然环境相阻隔。但在阿以旺中，和许多地方民居最大的不同之处，在于它不是中轴对称的，没有明确的中轴线，平面上的布置也非常灵活。带天窗的前室称阿以旺，又称“夏室”，有起居、会客等多种用途。后室称“冬室”，是卧室，通常不开窗。住宅的平面布局灵活，室内设多处壁龛，墙面大量使用石膏雕饰。阿以旺式民居中的基本生活单元是沙拉依，它由三间房屋组成，中间一室呈横向长方形，为夏居室、客室，前面有一过道，过道与室之间是落地木格棂花隔断，室内即土炕台，比过道高 35cm，墙上设壁龛或壁台，小平天窗采光。走道的一端为主卧室、冬卧室，有的设有木格棂花隔断，有的不设隔断，小平

图 2-25

阿以旺民居院子内部

天窗采光，双扇门入口处有一渗水坑，比室内土炕台低 15cm，作沐浴时渗水之用，室内设壁龛或壁台；走道的另一端也是卧室，面积略小，主要用于存放衣物，平天窗采光，双扇门处也有渗水坑。这一组房间位于阿以旺厅联系的主要方位，所以又有将阿以旺式民居称之为阿以旺—沙拉依式民居的。阿以旺式民居由阿以旺厅而得名，阿以旺是明亮之意。阿以旺厅是该座民居中面积最大、层高最高、装饰最好、最明亮的厅室，室内中部设 2 ~ 8 根柱子，柱子上部突出屋面，设高侧窗采光，柱子四周设 2.5 ~ 5m 宽、45cm 高的炕台，上铺地毯，为日常生活、待客就餐、纳凉休息、夏日夜宿、儿童游戏、老人养病及妇女纺纱、养蚕、织毯、农忙选种等农务的辅助空间，每当佳节喜庆，则是欢聚弹唱、载歌起舞的欢乐空间。阿以旺式民居的沙拉依和其他房间都围绕着阿以旺厅布置，建筑呈内向性、全封闭式。整个建筑的外观除入口大门外无任何其他洞孔，属单层实体造型。它抗风沙能力强，私密性好，居住安逸，但突起的高侧窗在地震发生时容易倒塌。大型阿以旺式民居有二三个以阿以旺厅为中心组成的房屋，整座房屋位于庭院中部、一边或一隅，庭院内还有敞厅、敞棚、果园、花园、水池、家庭清真寺等。

**装饰与文化：**阿以旺的装饰虚实对比，重点突出。廊檐彩画、砖雕、木刻以及窗棂花饰，多为植物和几何纹样；门窗多为拱形；色彩以白色和绿色为主，具有浓郁的伊斯兰风格。

## 单栋民居

### 干栏式民居

**起源：**古代中国南方盛行干栏式建筑，距今 7000 年前的浙江余姚河姆渡遗址中的木构建筑，是发现最早的干栏式建筑。在云南、四川、贵州、湖南、江西、广东等地的考古发掘中，也发现过不少陶制干栏式建筑模型。傣族是古百越族群的后裔，分布在云南西南和南部的边境地带。他们聚居的地区坐落在依山傍水、视野开阔的平地，顺着山坡地势和河流走向延伸。当地和南方气候一样，炎热多雨，湿度大，并且还有霉腐、虫蛀等，这都是傣族人造房最为头痛的问题。而傣族人居住的西双版纳地区，竹子随处可见。因此用竹子作材料搭建的干栏式竹楼，是目前我们国家最集中、最典型的干栏式建筑。

**分布地区：**除了我国西南地区此外，西伯利亚、东南亚、美洲、大洋洲、非洲的一些地区也有干栏式建筑。我国则多在渝东南及桂北、湘西、鄂西、黔东南地区。

**结构与功能：**“干栏”是住宅建筑形式之一。又称高栏、阁栏、麻栏。分两层，一般用木、竹料作桩柱、楼板和上层的墙壁，下层无遮拦，墙壁也有用砖、石、泥等从地面砌起来的。屋顶为人字形，覆盖以树皮、茅草或陶瓦。上层住人，下层用作圈养家畜或置放农具。此种建筑可防蛇、虫、洪水、湿气等的侵害，主要分布在气候潮湿地区（图 2-26）。

图 2-26

景洪傣族的干栏式建筑

## 吊脚楼

**起源：**吊脚楼也叫“吊楼”，为苗族（重庆、贵州等）、壮族、布依族、侗族、水族、土家族等族传统民居，凤凰古城的吊脚楼起源于唐宋时期。唐垂拱年间，凤凰这块荒蛮不毛之地王化建县，吊脚楼便有零星出现，至元代以后渐成规模。随着岁月流逝，建筑物在日月轮回中不断翻新更替，目前凤凰古城的吊脚楼多是保留着明清时代的建筑风格。凤凰古城河岸上的吊脚楼群以其壮观的阵容在中华大地上的存在是十分罕见的（图 2-27）。它在形体上不单给人以壮观的感觉，而且在内涵上不断引导着人们去想象、去探索。它在风风雨雨的历史长河中代表着一个地域民族的精魂，如一部歌谣、一段史诗，记载着风雨飘摇的历史，记载着寻常的百姓故事。

**结构与功能：**吊脚楼多依山靠河就势而建，呈虎坐形，以“左青龙，右白虎，前朱雀，后玄武”为最佳屋场，后来讲究朝向，

图 2-27

凤凰古城的吊脚楼建筑

或坐西向东，或坐东向西。吊脚楼属于干栏式建筑，但与一般所指干栏有所不同。干栏应该全部都悬空的，所以称吊脚楼为半干栏式建筑。苗族吊脚楼在凤凰古城东南的回龙阁一带，前临古官道，后悬沱江上。吊脚楼是凤凰古城具有浓郁苗族建筑特色的古建筑群之一，属清朝和民国初期的建筑。吊脚楼群的吊脚楼均分上下两层。俱属五柱六挂或五柱八挂的穿斗式木结构，上层宽大，工艺复杂，做工精细。下层随地而建，很不规则。屋顶歇山起翘，有雕花栏杆及门窗。这种建筑通风防潮，避暑御寒，体现了苗族独特的建筑工艺，具有很高的实用价值和观赏价值。

### 窑洞式民居

**起源：**窑洞是黄土高原的产物，是独特的汉族民居形式，具有浓厚的汉族民俗风情和乡土气息（图 2-28）。西峰黄土同整个黄土高原一样，是在地质年代的第四纪早更新世晚期形成的风成土状堆积物，距今已 120 万年。黄土层厚度一般为 50 ~ 100m，最厚处可达 200m。因黄土层深厚，土质密实，极适宜于挖洞建窑，

图 2-28

红色圣地延安的靠崖窑

数百年至千年不易倒塌。分布地区：窑洞民居大致集中在五个地区，即晋中、豫西、陇东、陕北、冀西北。

**结构与功能：**窑洞式民居，即在黄土断崖地区挖掘横向洞穴作为居室。因为它有施工简便、造价低廉、冬暖夏凉、不破坏生态、不占用良田等优点，虽然存在采光及通风方面的缺陷，但在北方少雨的黄土地区，仍为人民习用的民居形式。按构筑方式可分为三种：靠崖窑、平地窑、箍窑。靠崖窑即是利用天然土壁挖出的券顶式横穴，可单孔，可多孔，还可结合地面房屋形成院落；平地窑又称地坑院、地窨院、暗庄子（图 2-29），即在平地上向下挖深坑，使之形成人工土壁，然后在坑底各个方向的土壁上纵深挖掘窑洞，也可以说是竖窑与横窑结合而成的民居。此式窑洞多流行于中原巩县、三门峡、灵宝和甘肃庆阳、晋中南平陆一带；箍窑为在平地上以砖石或土坯按发券方式建造的独立窑洞，券顶上敷土做成平顶房，以晒晾粮食，多通行于晋中南西部及陕西北部（图 2-30）。

图 2-29
陕县地坑院

图 2-30
陕北南梁的箍窑

## 高台式民居

**碉房。**

**起源：**《后汉书·南蛮西南夷列传》中就有“累石为屋”的记载，由此可知藏族碉房，自东汉以来就已经形成，并相继成为崇尚凝重、沉稳和崇高的民居风格，以表现藏族人民对理想的热烈追求和崇高的审美倾向。

**分布地区：**中国西南部的青藏高原以及内蒙古部分地区（图 2-31）。

**结构与功能：**藏族民居的典型传统形式为碉房，多为石木或者土木结构，高达三至四层。碉房外形端庄稳固，风格古朴粗犷；外墙向上收缩，依山而建者，内坡仍为垂直。碉房多为两层，以柱计算房间数。底层为牧畜圈和贮藏室，层高较低；二层为居住层，大间作堂屋，卧室、厨房、小间为储藏室或楼梯间。若有第三层，则多作经堂和晒台之用。因外观很像碉堡，故称为碉房。碉房具有坚实稳固、结构严密、楼角整齐的特点，既利于防风避寒，又便于御敌防盗。

羌族的房屋一般都是用石片与石块砌墙建成，也有的用黄泥

图 2-31
云南香格里拉的碉房建筑

巴夯筑土墙建成，羌族居室多为四层碉式楼房，平面呈方形或长方形，楼背边沿盖石板为房沿边，沿下面由木头桷子伸出墙外为屋檐，房顶盖泥土。羌族房屋基本功能：一层作畜圈，用来饲养牲畜、堆放冬季畜草、生产农家粪料。牲畜圈分为内圈和外圈，当地人叫黑圈和敞圈，黑圈为牲畜御寒巢穴，敞圈为牲畜白天晒太阳的活动等场地（但现在的羌房从卫生角度考虑，已作了改进，畜圈已另建）。一楼一般夯筑院坝；二楼（中层）住人，设有卧室、贮藏室、火塘、锅庄等。锅庄系一石质或者铁质的三角锅庄，供烹饪饮食之用，锅庄上方供奉着祖先的灵位，全家饮食、聚会、拉家常以及祭神祭祖都在锅庄房，这里是羌族家庭人员的家庭活动中心。羌族的锅庄与藏族的锅庄一样，上方为神位，严禁触动或随便穿越。现在的羌民饮食烹饪和烧水很少用锅庄了，靠主楼另建耳房作为厨房，避免炊烟进入主屋内。羌民普遍使用了汉式锅灶，而且还大量推广汉式节能灶。但羌家的火塘仍然保留着。三、四层用于藏粮贮物、堆放干菜，走廊凉挂庄稼、干菜叶等，也是进行宗教活动，"煨桑"敬神，供奉"白石神"的地方。现在多数羌房的土木结构大多已被砖混结构和钢筋水泥结构所代替，但是仍有明显的羌式建筑的特征（图 2-32）。

图 2-32

四川羌族的碉房

**土掌房。**

一种彝族民房建筑。土掌房分布在滇中及滇东南一带。多建于斜坡上。以石为墙基，用土坯砌墙或用土筑墙，墙上架梁，梁上铺木板、木条或竹子，上面再铺一层土，经洒水抿捶，形成平台房顶，不漏雨水。房顶又是晒场。有的大梁架在木柱上，担上垫木，铺茅草或稻草，草上覆盖稀泥，再放细土捶实而成。多为平房，部分为二层或三层。彝族的“土掌房”与藏式石楼非常相似，一样的平顶，一样的厚实。所不同的，是它的墙体以泥土为料，修建时用夹板固定，填土夯实逐层加高后形成土墙。土掌房冬暖夏凉，防火性能好，非常实用（图 2-33）。

图 2-33

云南彝族土掌房

**蘑菇房。**

顾名思义就是住房状如蘑菇。分布地区为云南红河、元阳、绿春等地。它的墙基用石料或砖块砌成，地上地下各有半米，在其上用夹板将土夯实，一段段上移垒成墙，最后屋顶用多重茅草遮盖成四斜面。蘑菇房玲珑美观，独具一格。即使是寒气袭人的严冬，屋里也是暖融融的；而赤日炎炎的夏天，屋里却十分凉爽。蘑菇房底层关牛马、堆放农具等；中层用木板铺设，隔成左、中、右三间，中间设有一个常年烟火不断的方形火塘；顶层则用泥土覆盖，既能防火，又可堆放物品。蘑菇房以哈尼族最大的村寨红河州元阳县麻栗寨最为典型（图 2-34）。

图 2-34
哈尼族蘑菇房

**井干式民居**

**起源：**井干式琉璃瓦建筑是一种古老的民居，早在原始社会时期就有应用。目前所见最早的井干式房屋的形象和文献都属汉代。《淮南子》中有“延楼栈道，鸡栖井干”的记载。因为需要大量的木材，所以井干式建筑一般存在于林区茂密的地方。

**分布地区：**云南、四川、内蒙古和东北地区都有分布。

**结构与功能：**井干式木屋是采用原木经过粗加工建造而成的，较干栏式木屋更加原始、粗犷，方法也更为简单，其特点是就地取材，加工简单迅速（图 2-35）。与北美圆木屋有较多相似之处。其具体的建造方法是：将原木粗加工后嵌接成长方形的框，然后逐层再制成墙体，再在其上面制作屋顶。

图 2-35 云南傈僳族的井干式建筑

## 移居

### 毡包

**起源：**毡包是我国北方少数民族居住的篷帐。古代文献中多称穹庐、毡帐（旃帐）。今蒙古族居住区称“蒙古包”。以蒙古包这一名称闻名于世的建筑形式，是亚洲游牧民族的一大创举（图 2-36）。这个以木杆儿为主要支撑材料的人类早期建筑形式，在其发展过程中形成了两大流派：一种是中国鄂伦春人的传统建筑歇仁柱式（在鄂伦春语里歇仁柱为“木杆屋”之意），即尖顶，用兽皮或树皮、草叶子做苫盖。西伯利亚埃文基（鄂温克）人的希椤柱、美洲印第安人的梯比和北欧萨米人的高阿邸或拉屋等均属这一类型。另一种是蒙古包式的，即穹顶圆壁，主要用毛毡做其覆盖物。

**分布地区：**至今仍然可以在很多地方看到蒙古包，并且仍然还有大量的内蒙古的居民还居住在这样的建筑中。在呼伦贝尔

图 2-36
蒙古包

草原、赤峰等，都很容易见到蒙古包，在河北的坝上草原，也有很多蒙古包。

**结构与功能：**蒙古包的包门开向东南，既可避开西伯利亚的强冷空气，也沿袭着以日出方向为吉祥的古老传统。而帐内的中央部位，安放着高约二尺的火炉。火炉的东侧放着堆放炊具的碗橱，火炉上方的帐顶开有一个天窗。火炉西边铺着地毡，地毡上摆放矮腿的雕花木桌。包门的两侧悬挂着牧人的马鞭、弓箭、猎枪以及嚼辔之类的用具。帐内的西侧摆放着红漆彩绘木柜，木柜的北角上敬放着佛龛和佛像，佛像前供放着香炉及祭品。普通的蒙古包，高约十尺至十五尺。包的周围用柳条交叉编成五尺高、七尺长的菱形网眼的内壁，蒙古语把它叫作“哈那”。蒙古包的大小，主要根据主人的经济状况和地位而定。普通小包只有四扇“哈那”，适于游牧，通称四合包。大包可达十二扇“哈那”。包顶是用七尺左右的木棍，绑在包的顶部交叉架上，成为伞形支架。包顶和侧壁都复以羊毛毡。包顶有天窗。包门向南或东南。

## 帐房

**起源：**帐房以帐篷为屋，这是藏族牧民千百年来的居住形式。逐水草而居的游牧生产方式，决定了牧民的频繁迁徙和居无定所，帐篷这种易搭易拆、方便实用的居住形式便成为人们在长期生产生活实践中的唯一选择（图 2-37）。

**结构与功能：**藏北牧区的帐篷主要有“黑帐”（牛毛帐篷）、“白帐”（羊毛帐篷）、“花帐”（厚布帐篷）和“布帐篷”等类别，其中“黑帐”与人们的生产和生活关系最为密切。帐篷由篷顶、四壁、横杆、撑杆、橛子等部分构成。篷顶正中是天窗。天窗起通风、采光的作用。天窗上有一块盖布，白天打开，夜晚盖上，可防雨和避免冷风直吹帐篷内。篷顶与四壁交接处的四角和四边的中部各缝有一根长绳，通常为八根称为“江塔”的绳，绳长七八米、十几米不等，一般是结实的牛毛绳或牛皮绳。帐篷四壁的底部还有若干小绳扣，用来牵钉橛子，一般隔三四十厘米一个。帐

图 2-37

甘南藏族的帐房

篷的“门”大多是左右帐“壁”重叠合拢充当（其中一端晚上用橛子固定，白天可撩起；另一端则始终固定）；有时是一道可掀开的帘子，平时合上，进出掀开。搭建帐篷的选址很重要，一般要选水草充盈、易于放牧和生活的地方。牧民对选址的标准有形象的说明，要选“东如开放、南象堆积、西如屏障、北象垂帘”的地方，或者要选“靠山高低适中，正前或左右有一股清泉流淌”的地方。地址选好后，帐门朝东，这是遵循祖先传下来的习俗惯制。有谚云：“人合伦理，帐门朝东”。搭建时，将帐篷顶部四角的“江塔”绳拉向远处，系于钉好的木橛（也有用铁桩或较直的羊角作橛）上，然后在帐篷中架一根木杆作横梁顶住篷顶，用两根立柱支撑横梁两端，接着调整四周拉绳的松紧即可将帐篷固定。最后用橛子钉住帐篷四壁底部的小绳扣，使帐篷四壁绷紧固定。帐篷搭建好后，为挡寒风，有的人家在帐篷内用草皮砌一圈高约一尺的矮墙，有的在帐篷外用草皮或牛粪围一圈一米多高的矮墙挡风。牛毛帐篷防雨防雪，经久耐用，一顶好的帐篷可用几十年。牛毛帐篷还可自如地加大和变小。如家庭人口增多，可将“江塔”绳下移，在帐篷底边接上一截，帐篷内的使用面积便增加，反之将“江塔”绳往上移，帐篷又可变小。“黑帐”是藏北牧民移动的家，温馨的家。

**分布地区：**藏族聚居地区。

### 舟居

**起源：**舟居是区别疍民与陆上族群的主要特征，居住的船只又称为蛋家艇、住家船、住家艇、连家船、沙艇、海艇等，一般大的为船，小的为艇（下文统称疍家艇或住家船）。一般而言，以捕捞为主要职业的渔民，每户有两艘船：一艘为作业船，是生

图 2-38 舟居

产劳动的工具；一艘为住家船，是停泊在相对固定的地点居住与生活的船只。经济困难的家庭一般只有一条船，兼有住家和谋生的双重功能。外出作业时，渔民根据捕捞资源情况而在一定范围内迁徙。特别是沿海渔民常随渔汛的变化而迁徙，居无定踪，终年浮荡在海上（图 2-38）。

**结构与功能：**渔民住家船与陆上居民住房一样具有自身的建筑风格。在建造材料方面，传统住家船全部采用木料建造，一般采用不易腐烂、浮力大的杉木，船上的木板使用桐油漆刷表面；在建筑结构方面，甲板以下的船底一般间隔两层，最下面一层放空，用来隔水，叫作隔水层。隔水层上层为底舱，主要用于堆放生活用品和杂物、储存粮食，在方便起居生活的同时可增加底部重量，增加船的稳定性，也有的船只有底舱而没有隔水层的。比较大的住家船底舱还间隔成多个舱位，以存放不同的物品，现代住家船的底舱尾部还放置柴油发动机网。住家船在功能分区上比较简单，一般前舱为作业、休息的地方，中舱为寝室和吃饭的地方，后舱为厨房、厕所等。

在住家船的外观上，经济条件较好的渔民其建造的主舱外形如小木头房子，还有门窗和屋顶。在外部装饰方面，一般以遮风雨、实用为主，但各地装饰也有不同。春节期间，住家船还张贴对联和祈福的字句，说明渔民对中国传统春节习俗文化的传承。

**分布地区：**沿海地区。

# 第三章

# 宗祠

一个民族不能失落自己的历史，没有了历史，没有了文化，就没有了自己的根，所以，历史千万不能被割断，我们做的就是要保护应该保护的文化，这是我这个普通知识分子应尽的责任和义务。

——郑孝燮，源自“百年风雨护古城”

宗祠是乡土建筑的主要代表，是祭祀祖先的公共建筑空间，有的地方称之为祠堂、宗庙、祠庙等。古人在修建宗祠的时候，会统筹考虑，把宗祠布置在村子中最重要的位置，体现出古人对宗祠的重视，也体现出传统文化中的忠孝礼制。宗祠文化承载了乡规民约的教化功能，对村民的道德约束、违法惩戒、文化继承起到不可替代的作用。它代表宗族的威严，在宗族中的地位至高无上，族民对它尊重敬畏，这也是我国基层法制管理的物质载体。宗族文化体现出宗族的传统，对培养集体意识、民族认同、文化传承等方面具有不可替代的作用。宗祠同样体现出中华文化的悠久和儒家思想的传承，具有重要的历史价值。通常，宗祠的建造级别要高于其他建筑，是宗族中最华丽、最宏伟的建筑群体，与其他建筑交相辉映，记录着家族的荣耀历史。

## 宗祠的源起

宗祠起源于原始社会人们的自然崇拜和祖先崇拜，古人祭神祭祖的场所即是宗祠的前身。周朝的《礼记•王制》中已记载了帝王贵族的宗庙制度。商周时期宗庙制度和祭祖规则初步建立，祭祖礼制也逐步完善。上古时代，士大夫不敢建宗庙，宗庙为天子专有。汉代出现“祠堂”一词。南宋理学家朱熹《朱文公家礼》立祠堂之制，宗祠数量剧增，体系渐趋完备。明代朝廷正式允许民间皆得联宗立庙，民间宗祠获得合法地位，修建高潮由此掀起。明清时期宗祠发展的巅峰时期，宗祠建筑随处可见，“族必有祠”。清代，祠堂已遍及全国城乡各个家族，祠堂是族权与神权交织的中心。

## 宗祠与村落

宗祠具有血缘聚居的特性，它所处的位置直接影响到村落的布局形态，通常情况下宗祠位于村落的最高点位置，或者位于村落的第一排位置，或者位于村落的中轴线上，或者位于村落的外围，对村落成包围状。所处的位置也体现出祠堂对村落布局的重要意义。祠堂处于村落中最重要的位置，交通便利，抵达村子的各个位置也极为方便，是最具有标示性的建筑群体。祠堂与整个村落的景观相融合，在村落地域上处于中心位置，是村落的精神中心，人们在这里进行祭祀等公共活动，因此一般祠堂的前面会有一片开敞的平地，这样让人们具有良好的视觉和心理感受，也满足了通风和采光的需求，这样一片平地可以给人们提供公共活动和生产生活的大空间。在村落的布局中，宗祠的布置遵循风水的规律，通常和风水塘或者自然的水源联系在一起。

宗祠在村落中的作用非常重要，作为宗族中的公共建筑空间，在这里不仅可以进行祭祀和团拜，而且还进行集会，商讨宗族的大事小情和惩奸除恶；在节庆的日子，宗祠还可以作为大家聚会看戏的场所。祠堂是村落里婚丧嫁娶、科举及第等事情的议事场所，在宗祠里挂功名匾额、贴喜报，在宗祠门前立桅杆、立牌坊等，是彰显宗族文化传承的物质载体。宗族会把公田储存到义仓里，来救济老弱病残的族民。对孤苦故去的人，宗族会安排他们埋葬到义冢里面。未成年死了，会有枯童塔收尸。平时祠堂会让没有房屋居住的族人居住，有些族人的灵柩也会先寄存在宗祠里面。族人去世后会把香灰送入宗祠。在外的族人回来拜谒祖先的时候，必须先回宗祠祭奠，然后会带走宗祠的香灰，表示不忘根、不忘本。

## 宗祠建筑

### 龙川胡氏宗祠

龙川胡氏宗祠位于徽州绩溪县瀛洲镇大坑口（龙川）村，为明代户部尚书胡服、兵部尚书胡宗宪的族祠。始建于明代嘉庆二十五年（1547 年）。坐北朝南，前后三进，占地总面积 1271m$^2$，以山带水，气势飞动。祠内装饰精美，尤以保存完好的各类木雕为最，有“徽派木雕艺术宝库”之称。龙川在明代曾出过两任六部尚书，也是近代学者胡适、前国家主席胡锦涛的故乡，1988 年被列为国家重点文物保护单位。有关专家赞誉它是中国古祠一绝（图 3-1）。

图 3-1
胡氏宗祠大门

### 汪口俞氏宗祠

汪口俞氏宗祠位于江西上饶婺源县江湾镇汪口村，是婺源县现存宗祠中最完整、最华丽的一座，2006 年列为第六批全国重点文物保护单位。清乾隆五十二年（1787年）竣工，位于汪口村东部，由大门、享堂（即祭堂）、后寝组成。大门前面是一个小广场。俞氏宗祠占地面积为1116m$^2$，是一所以细腻的木雕闻名于世的祠堂，被誉为“艺术殿堂”“木雕宝库”（图3-2～图3-5）。

图3-2
俞氏宗祠木雕

图3-3
俞氏宗祠大门

图3-4
享堂（祭堂）：举行祭祀或宗族议事

图 3-5

寝堂：供奉神主牌位

## 甘肃榆中高氏祠堂

高氏祠堂位于素有“陇上平遥”之誉的千年古镇——甘肃省兰州市榆中县青城镇，始建于清光绪年间，是典型的清代祠堂建筑风格，为兰州市多家宗族祠堂中保留相对完整的祠堂（图 3-6、图 3-7）。

图 3-6

高氏祠堂大门

图 3-7
高氏祠堂匾额，清道光帝御赐“才兼文武”和咸丰帝御赐“进士”匾额

## 寸氏宗祠

寸氏宗祠位于云南省腾冲县和顺古镇，是和顺古镇的标志性建筑，是腾冲寸氏宗族的象征。从内到外建有正殿、厢楼、花园、客堂、大厅、二门、大门等。始建于明代嘉靖年间，扩建于清代嘉庆十年（1805 年）。中西合璧的建筑风格使得寸氏宗祠在八大宗祠显得较为另类，大门为三道罗马式圆拱门，每道门上有一个近三角形的顶，图案为浮雕，颇有创意。建筑所使用的材料水泥、钢筋、沥青都从缅甸驮来（图 3-8）。

图 3-8
中西合璧的寸氏宗祠大门

## 福建丁氏宗祠

陈埭丁氏宗祠（图 3-9）为明永乐年间本地丁氏四世祖丁善营建，嘉靖三十九年（1560 年）毁于兵燹，万历二十八年（1600 年）重建，此后历经修缮。陈埭丁氏宗祠的修建既承袭汉族传统的建筑风格，又显现伊斯兰文化特征，是中外文化融合的实物见证。2006 年，陈埭丁氏宗祠经国务院批准被列为第六批全国重点文物保护单位。

图 3-9 丁氏宗祠门口

宗祠为廊院式，正厅独立于中部，由门厅、后厅和两侧庑廊环护，整体布局构成汉字的“回”形（图 3-10）。沿中轴线自南至北依次为泮池、门埕、前厅、前庭院、中堂（主殿）、后庭院、后殿和左右庑廊，占地面积 1359m²，建筑面积 653m²。正厅面宽三间，进深五间，抬梁、穿斗式木构架，硬山顶。祠内木作、砖作、石作、泥作等极具匠心，雕饰题材丰富，技艺精湛，彩绘艳丽，其装潢如莲花等浮雕及阿拉伯文装饰等，与泉州清净寺颇为相同。

图 3-10
丁氏宗祠内院

丁氏原系阿拉伯人，缘于祖先赛典赤瞻思丁仕元，其后裔一支行贾进入泉州，因元明易代，避居于此，建祠堂。

# 第四章

# 庙宇

中国的城市与建筑由于长期受封建儒教文化的浸润，从内到外充溢了中国传统文化的外形与内涵。城市与建筑是个物质实体，它承载着中国传统文化的因循，有着丰富礼仪制度和文明教化的鲜明表象与痕迹，可惜的是现代人们仅仅只将古建筑、古城市看作为观赏、旅游或是具体实用的对象。特别对有些东西缺乏具体使用价值或是在大规模建设中就认为是有所妨碍的，在不经意之中就被拆毁了。

——阮仪三，“让民间力量参与到传统民居保护中”

乡土建筑中的庙宇体现的是对实用主义的泛神崇拜，在我国的乡土上从来没有真正意义上的宗教信仰。庙宇的出现源于原始社会对自然的崇拜，是人类发展到一定程度的产物，不是永恒不变的，而是随着时代的发展而发展变化，消亡或者存在。随着人们对世界认知的进步，有些信仰被逐渐地忆起，而有些信仰则随着民族的文化传承下来，有些也与外来的宗教信仰相融合，呈现出旺盛的生命力。在乡土建筑中的庙宇，佛寺和道观是很少见的，主要还是人们对泛神的崇拜，例如我们常见的玉皇庙、玄帝庙、三官庙、娘娘庙、妈祖庙、土地庙、龙王庙等，乡土庙宇的规模有大有小，大的乡土庙宇富丽堂皇，小的乡土庙宇仅仅能放得下一个牌坊。村落中可能同时供奉了各种各样的神灵，跟佛寺和道观的供奉完全不同，主要还是根据村民对神灵的崇拜而设立。乡土寺庙体现了村落的传统文化和信仰文化，是乡土建筑中重要的组成部分。

## 庙宇公共功能

人们是以自己的生活方式融入历史中，并不断形成了集体的记忆，这是庙宇形成、扩充的主要特征，也是民族的民俗类文化。拂去历史的浮尘与糟粕，理性地解读和认知其丰富的文化内涵，就会对我们的民族文化有全面透彻的认识。它容纳并解读着我们的民间社会信仰与习俗的历史体系。如果没有对民间社会信仰与习俗有充分的了解，也就没有资格对其进行评说，更不能以现在道德标准来加以贬抑。民俗中尊老的孝道，也是随着“乌鸦反哺”“羊跪乳”等乡间最朴素的道德观而成为规范个人行为与思维的基本标准。庙宇的信仰活动也成为人们日常生活的一部分，在民间文化中扮演着重要角色。

庙宇的存在当属文化范畴，它充满了智慧的处世哲学、圆融自然的信仰体系，强调善恶分辨的道德诉求。我们应该全面审视其价值，并在现代社会生活中适当发挥其应有的功能。回顾当年众多辉煌的庙宇，曾经受到人们呵护、膜拜。再看现存残缺不全、破败不堪、摇摇欲坠的神堂、大殿，在苍茫的大地上与岁月抗争着，满身写满了沧桑，像风烛残年的孤独智者，更像一位被人抛弃的救世主，早已失去了昔日的光环。我们是无神论者，崇尚科学，不迷信神学，但庙宇的民俗文化我们还是希望得以保留和传承的，其对于我们社会人群的和睦相处、友邻关爱，具有一定的积极意义。这种“善”的痕迹，在我们的生活中随处可见，庙宇文化的影响是深远悠长的，我们为庙宇文化的迷失而悲痛，更应为庙宇文化的理性修复而努力。

## 庙宇种类

乡土庙宇中供奉的神灵大多是宗教信仰与传统民俗像结合的产物，两者相互吸纳融合，形成一种信仰形态，鬼神、佛道并举，表现出神灵众多、众神汇聚的现象，这也是我国乡土信仰的表现形式，乡土庙宇是世俗化了的信仰场所，是民间神灵的汇集场所，也是乡土民众的修行场所。

### 玉皇庙

玉皇庙，是祭拜玉皇大帝的庙宇。玉皇大帝是中国民间信仰中的最高神，对他的崇拜源于上古的天帝崇拜，有玉皇、玉帝之称，而在唐代以前，玉皇大帝并不存在。南朝齐梁时陶弘景的《真灵位业图》中，虽有“玉皇”和“玉帝”的名目，但“玉皇道君”只在玉清三元宫右位的第十一位，“高上玉帝”在第十九位，地位并不高。到了唐代，李家天子推崇太上老君，道教空前发展，一度还成为国教，玉皇大帝才流行开来。玉皇、玉帝之称渐趋普及，民间信仰中的天帝和道教的玉皇合而为一，宋初仿效唐代，尊崇道教，把民间信仰的玉皇正式列为国家奉祀对象。宋徽宗则干脆把玉皇与传统奉祀的吴天上帝合为一体，尊号为吴天玉皇大帝。在中国大地上，玉皇大帝是被普遍敬奉的最高神明之一（图 4-1）。

图 4-1

山东省阳信县劳店镇玉皇庙

**玄帝庙**

玄帝庙，供奉玄帝（即玄武大帝，又名真武大帝；亦为道教所信奉，民间称为北极玄真武上帝）。玄帝姬颛顼，又名乾荒，为上古五帝之一，他是黄帝之孙，姬姓。其父乃黄帝次子昌意，封于若水，娶蜀山氏之女昌仆为妻，生颛顼。颛顼性格深沉而有谋略，十五岁时就辅佐少昊，治理九黎地区，封于高阳（今河南杞县东），故又称其为高阳氏。黄帝死后，因颛顼有圣德，立为帝，时年二十岁。传说在黄帝晚年，九黎地巫教流行，崇尚鬼神，迷信盛行，风气败坏，一切都靠占卜来决定，人们也不安心于生产。颛顼为解决这个问题，下令禁绝巫教，禁断民间以占卜通人神的活动；亲自诚敬地祭祀天地祖宗，为万民作出榜样；又任命南正重负责祭天，以和洽神灵；任命北正黎负责民政，以抚慰万民；劝导百姓遵循自然的规律从事农业生产，鼓励人们开垦田地，使社会恢复正常秩序。朝廷、官府及民间广建玄帝之庙。民间信仰认为玄武属北方之神，北方在五行中属水，水能胜火，遂将玄帝视为防火大神（图 4-2）。

图 4-2

山西芮城县玄帝庙

### 三官庙

三官庙，即天官紫微大帝、地官清虚大帝、水官洞阴大帝的道教祭祀庙宇。道教宣称三官能为人赐福、赦罪、解厄，即天官赐福、地官赦罪，水官解厄。三官信仰本源于原始宗教中对天、地、水的自然崇拜，可谓源远流长。早期的道教五斗道产生后，在其重要的祷祝术中，就强调对三官的崇拜。三官是道教中的大神，但还不属最高级别，只是职掌十分厉害，与人们的利害攸关，非同小可。如欲求功名富贵、延年益寿，可拜赐福紫微大帝；如欲获罪能得赦免，可拜赦罪清虚大帝；如欲消灾免祸，可拜解厄洞阴大帝。三官是奉玉皇上帝的旨意分别监察人间善恶，保护众生，极为民间所崇信。最受人们欢迎的是天官，天官赐福，民间遂将其视为“福神”。

### 观音庙

观音庙，供奉观世音菩萨的庙宇。观音菩萨与文殊菩萨、普贤菩萨、地藏菩萨一起，被称为四大菩萨。观音菩萨在佛教诸菩萨中，位居各大菩萨之首，是我国佛教信徒最崇奉的菩萨，拥有的信徒最多，影响最大。其相貌端庄慈祥，经常手持净瓶杨柳，具有无量的智慧和神通，大慈大悲，普救人间疾苦。当人们遇到灾难时，只要念其名号，观音便前往救度，所以称观世音；唐朝时因避唐太宗李世民的讳，略去“世”字，简称观音。

### 妈祖庙

妈祖是我国东南沿海地区的民间信仰，广大的渔民、船工、商人在起航前都会先去妈祖庙里祭奠，祈求出行顺利平安，在船上也会供奉妈祖的牌位。妈祖庙也称为神女祠，或者娘娘宫。随着明清时期，民众下南洋，妈祖信仰也更进一步传播，目前据统计，全球信仰妈祖的人数多大两亿（图 4-3、图 4-4）。

图 4-3

湄州妈祖庙

图 4-4

湄洲妈祖像

## 娘娘庙

娘娘庙，又称奶奶庙或娘娘殿（图 4-5），没有明确的界限，较为模糊地统称之碧霞元君祠。由于地域的民俗化，其社会功能相同，故两者合二为一，有了两种叫法。一般供奉三尊神像，中为碧霞元君，左为佩霞元君，右为紫霞元君，俗称“三仙奶奶”或“三仙娘娘”，是民间香火较为旺盛的庙宇，所供主神，各庙也略有所不同。民间传说的碧霞元君神通广大，能保佑农耕、经商、旅行、婚姻，能治病救人，尤其能使妇女生子，儿童无恙。拜奶奶庙、娘娘庙的大多是妇女，而她们最主要的心愿是求子，也可保护孩子，赐福免灾，所以娘娘庙的分布亦为广泛。

图 4-5
合肥娘娘殿

图 4-6
浙江雪窦山龙王庙

## 龙王庙

龙王庙，龙是中国古代神话的四灵之一（图 4-6）。龙王之职就是兴云布雨，为人消灭炎热和烦恼，龙王治水成了民间普遍的信仰。因是神话传说，龙王神诞之日，各种文献记载存有差异。旧时专门供奉龙王之庙宇几乎与城隍庙、土地庙同样普遍。每逢风雨失调、久旱不雨或久雨不止时，民众都要到龙王庙烧香祈愿，以求龙王治水，风调雨顺，极据现实意义的社会生活功能。

## 关公庙

关公庙又称武庙，是为了供奉三国时期蜀国的大将关羽而兴建的。他是儒、释、道共同尊崇的“超级”神灵，这在我国民间神祇中是独一无二的。关帝庙的数量多，名称也不一，种类各异，可分为专祀和合祀两大类。仅专祀关羽的庙名有：关帝庙、关公庙、关圣庙、关王庙、关圣帝君、关老爷庙等。与其他神明合祀的庙宇有:武庙或关岳庙（关羽、岳飞）、三义庙（刘备、关羽、张飞）、七圣庙（关羽与赵公明、土地爷、天仙圣母、二郎神、财神爷、火神爷）。关羽的“武”与“义”深深地刻在我们中华民族的记忆里，由生活中的人，化变为中华大地共同崇仰的神，有其一定的历史文化渊源。自魏至唐，关羽在民间的影响并不大。从宋以后，关羽的庙宇在全国才普遍建立起来。宋哲宗封其为“显烈王”，宋徽宗封其为“义勇武安王”。元代加封其为“显灵义勇武安英济王”。到了明万历年间，明神宗加封关羽为“协天护国忠义帝”“三界伏魔大帝、神威远镇天尊圣帝君”。由于帝王们的推崇，关羽的地位才无比显赫。总之，关帝庙已经成为中华传统文化的一个主要组成部分，与人们的生活息息相关，并与后人尊称的“文圣人”孔子齐名，被人们称之为“武圣”关公（图 4-7、图 4-8）。

图 4-7

河南汝州半扎村关帝庙

图 4-8　河南汝州半扎村关帝庙戏台

## 土地庙

土地庙，又称福德庙、伯公庙，为民间供奉“土地神”的场所。远古的社神即源于土地崇拜，土地崇拜是原始宗教中自然崇拜的重要组成部分。原始的土地神崇拜，是对土地的自然属性及其对社会生活的影响力的崇拜。最初的土地神——社神，与后来的土地神——土地公和土地婆，是有许多不同的（图 4-9）。《说文解字》第一上云：“社：地主也。从示、土。”意思是说，“社”是土地之主为土神。古人极为敬重土地，有了土地就有了农业，有了农业就有了衣食，生活就有了基本保障。故人们将土堆起来看成神，

图 4-9

河南临沣寨土地庙

并向它祭献加以崇拜。商周时期，是以“示”字作“神”字用的。因“桌石”（原始初民把一竖一横的石块架叠成石桌形，拟作“神”象，立在部落中心，当作“神”来膜拜，称之为“桌石”）立于土上，就是原始宗教的膜拜对象，后来便以“示”“土”两个独立字合为“社”字，会意为“土地之神”，社神便成为土地之神了。正如《考经援神契》所说：“社者，土地之神，能生五谷。社者，五土之总神。土地广博不可遍敬，故封土为社而祀之，以报功也。”祭祀社神叫“社祭”，早在《诗经》中就有社祭的记载：“以我齐明，与我牺羊，以社以方。”“齐明”是指祭器中所盛的谷物，“牺羊”是指祭祀用的牛羊。这是说明祭器盛满谷物，献上祭祀用的牛羊，祭社祭方。后来随着“社”内涵的丰富及延伸，原始的本意被“土地神”继承下来（图 4-10）。

图 4-10
山东沂源县燕崖镇土地庙

## 山神庙

原本是古人将山岳神化而加以崇拜的一种祭祀场所。从山神的称谓上看，山神崇拜极为复杂，各种鬼怪精灵皆依附于山间。最终，各种鬼怪精灵的名称及差异分界都在历史的进程中遗失了，或者你中有我或者我中有你而互相融合；演变成了每一地区的主要山峰皆有人格化了的山神居住。《礼记•祭法》："山林川谷丘陵，能出云，为风雨，见怪物，皆曰神。"虞舜时即有"望于山川，遍于群神"的祭制，传说舜曾巡祭泰山、衡山、华山和恒山。历代天子封禅祭天地，也要对山神进行大祭。在中国，有关山神的传说源远流长，史上最著名的要属秦始皇、汉武帝、武则天对名山大川的祭祀。成书于两千多年前的《山海经》，就已记载了有关山神的种种传说。《太平广记》里也收录了大禹囚禁商章氏、兜庐氏等山神的故事。《五藏山经》里还对诸山神的状貌作了详尽的描述。

## 窑神庙

窑神庙，是中国民间供奉窑神的庙宇。中国古代各行各业都有自己崇拜的神，烧制陶瓷和开采煤矿的窑工，希望窑神福佑禳灾，便建窑神庙奉祀（图 4-11 ～图 4-14）。

图 4-11

河南禹州神垕镇窑神庙门

图 4-12

河南禹州神垕镇窑神庙戏台

图 4-13
河南禹州神垕镇窑神庙门斗栱（一）

图 4-14
河南禹州神垕镇窑神庙门斗栱（二）

## 火神庙

火神是民间神话中俗神信仰中的神祇之一（图 4-15）。以形象和来历言，一般都以祝融（夏商时传说人物）为火神，民间俗信亦有以炎帝或燧人氏为火神的说法，总之民间俗信形形色色，即便是现代人，对传统的火神崇拜的源流问题也有不同看法。有

图 4-15

沅陵火神庙

人提出是否与古波斯所信仰袄教（亦称波斯教、拜火教）有一定的关联，但无法得出确切的考证。本地亦没有统一主神名称，认识较为模糊，只是知道是祭祀火神的庙宇，祭祀时没有统一的规范礼仪和讲究。火为人类带来光明与温暖，但与袄教崇拜火神相悖，祭拜并不带有感谢成分，火神庙却是为躲避火灾而建。

### 财神庙

财神是道教俗神，相传姓赵名公明，又称赵公元帅、赵玄坛，掌赏罚诉讼、保病禳灾之神，买卖求财，使之宜利，故被民间视为财神。旧时商贾之地多有财神庙拜祭，以求财源。

### 华佗庙

华佗庙，是祭祀东汉名医华佗的庙宇（图 4-16）。华佗字元化，沛国谯（今安徽亳州市谯城区）人，医术高明。人们称之为“神医”。

他不求名利，不慕富贵，到处奔跑，为人民解脱疾苦，深得民间百姓的信仰和爱戴。对他的祭拜大概有两种心理：一是崇敬和怀念；二是祈求与盼望神医显灵，帮助病体早日康复。显然后者得到的只是自我心理暗示，这充分反映了社会民生状态。

图 4-16

亳州华祖庵

# 第五章

# 其他

作为一名中国建筑师，有责任把中国文化与中国精神，向全世界做一次自信而友好的表达。

——何镜堂

乡土建筑是我国对世界文化的重大贡献。由于我国农业文明历史的悠久性和文化的独特性，使得我国乡土建筑也多种多样、丰富多彩。我国乡土建筑遗产大大多于其他国家。除了前面的民居、祠堂、庙宇之外，我们继续介绍其他乡土建筑。

## 亭

我们都听说过“十里一长亭，五里一短亭”的说法，亭子在过去是用来旅途中歇息的场所，有的也作为迎客、送客的场所。随着历史的发展，到了隋唐时期，亭出现在苑囿之中，起到点缀环境空间的作用。在宋朝的《营造法式》里可以看到很多关于亭子建造的介绍，明代《园冶》里关于亭子在园林中建造的位置又提出了更多的可能。乡土建筑中的亭子，一般作为风水亭，也有的作为记录宗族荣耀的载体，类似于牌坊。

父子进士亭位于镇海澥浦镇庙戴村，是一座木结构的亭子（图 5-1），亭高约 6m，面宽约 4m，四柱歇山顶，亭四侧悬挂着六块木匾，

图 5-1

父子进士亭

赫然雕刻着“父子进士”“东浙世家”“五经甲第”“世济恩荣”。进士亭源于明代一对刘姓父子。明景泰五年(1454年)，父亲刘洪中进士，后任兵部主事，为人亢直，屡立功勋，授予三品衔升广东左参政；儿子刘光，明弘治九年(1496年)进士。父子俩受皇恩，赐建父子进士坊于家乡官路中，立有“文官下轿、武官下马”禁碑。清晚期，牌坊毁，刘家后代在街心改建了进士亭。

## 牌坊

牌坊的历史源远流长，是中国特有的一种建筑形式，民众称之为牌楼。从史书中查阅牌坊最早出现在周朝。史书上记载的“衡门”是牌坊的最早形式，就是一根衡梁下面立两根柱子的结构形式。到了南宋时期，牌坊的作用逐渐表现为宗教、道德、褒奖。到了明清时期“旌表建坊”成为牌坊的主要作用。

浚县大伾山恩荣牌坊（图5-2）是县内仅存的透雕石坊，雕刻艺术巧夺天工，是科学技术和石雕艺术的结晶。该坊是明万历

图5-2

河南浚县大伾山恩荣牌坊

图 5-3

许国牌坊

四十五年，万历帝为旌表工部主事孟楠一门三进士而赐建的。恩荣坊高宽皆 10m，为四柱三间五楼式仿木结构建筑。坊上有 5 个楼，均为歇山顶，中间一楼檐下雕一竖匾，上刻“恩荣”二字。竖匾下的每一道坊都雕刻有人物故事和书法题铭等。

许国牌坊是明万历皇帝为嘉奖歙县人许国平叛功勋，而特别恩赐在其家乡建造的（图 5-3），整座牌坊平面呈 11.54m × 6.77m 的长方口形，高达 11.4m，如此形制的牌坊在华夏大地上绝无仅有。许国牌坊是在许国生前建造的，在封建千年的历史中是非常罕见的，通常这类纪念性的牌坊是在被歌颂的人死后建造，这是牌坊发展史上的一个孤例。该牌坊上的题字是由江南才子董其昌题写的。

棠樾牌坊群，位于安徽省歙县郑村镇棠樾村东大道上，为明清时期古徽州建筑艺术的代表作。棠樾的七连座牌坊群（图 5-4），不仅体现了徽州文化程朱理学“忠、孝、节、义”伦理道德的概貌，也包括了内涵极为丰富的“以人为本”的人文历史，同时亦是徽商纵横商界三百余年的重要见证。棠樾牌坊群是明清时期建

图 5-4
棠樾牌坊群

筑艺术的代表作，虽然时间跨度长达几百年，但每座牌坊的建筑风格确浑然一体。歙县棠樾牌坊群一改以往木质结构为主的特点，几乎全部采用石料，且以质地优良的“歙县青”石料为主。这种青石牌坊坚实，高大挺拔。既不用钉，又不用铆，石与石之间巧妙结合，可历千百年不倒不败。棠樾牌坊群的选址在棠樾村的村口位置，周围除了农田、河流和树木，没有任何建筑物，从而衬托出牌坊的地位，从中也可以看出村落选址因地制宜、人和环境相协调的原则。棠樾牌坊群采用中轴对称的手法，精雕细琢，并在视觉上让人聚焦，让整个牌坊群处于最重要的位置。

## 桥

在中国古代建筑中，桥梁是一个重要的组成部分。几千年来，勤劳智慧的中国人修建了数以万计奇巧壮丽的桥梁，这些桥梁横跨在山水之间，便利了交通，装点了河山，成为中国古代文明的标志之一（图 5-5）。

程阳风雨桥（图 5-6、图 5-7）又叫永济桥、盘龙桥，建于 1912 年，主要由木料和石料建成，是侗寨风雨桥的代表作，是目前保存最好、规模最大的风雨桥，是侗乡人民智慧的结晶，也是中国木建筑中的艺术珍品。据有关资料记载，该桥与中国的石拱赵州桥、

图 5-5
汝州半扎村双孔石拱桥

图 5-6
程阳风雨桥（一）

图 5-7
程阳风雨桥（二）

铁索泸定桥及杜撰的“罗马的钢梁诺娃上的沃桥”齐名，为世界四座历史名桥之一。

程阳风雨桥上的廊桥采用我国传统木结构中的穿斗式，不用一根钉子，采用榫卯链接这种在我国南方传统建筑中广泛使用的结构形式。但是像程阳风雨桥保存这么完好的是少之又少，因此我们要更加重视和保护。整个桥面都是木板，桥的上面有 5 个亭子，桥的两侧设置木栏杆，雕花繁多，远望像一座宫殿，气势雄浑，富丽堂皇。

济南市章丘区相公庄街道十九郎村是一个不起眼的村庄，在村子北面的玉泉河山，有一座奇特的古桥，为什么说是奇特的呢？因为桥的支柱是用碌碡 (liù zhóu) 支撑的，这在全国是比较罕见的，堪称桥梁史上的奇葩。据桥头的石碑记载：“碌碡桥”始建于清朝乾隆初年。在清朝道光十三年的《章丘县志》中即有明确记载，但是对于建设该桥时的历史背景没有详述。在建设该桥时有何人

图 5-8
山东章丘碌碡桥（一）

图 5-9
山东章丘碌碡桥（二）

投资及何人建设一直是个谜。从桥的建筑风格和民间口述史料，"碌碡桥"应建于明末清初，后在乾隆初期重新修建，据此推算碌碡桥的历史应有300余年（图5-8、图5-9）。"碌碡桥"的确是不多见，其独特的造型和建桥时所表现出来的劳动人民的智慧，也算是桥梁史上的一个奇迹。

# 塔

塔，是中国五千年文明史的载体之一，古塔为祖国城市山林增光添彩。矗立在大江南北的古塔，被誉为中国古代杰出的高层建筑。文峰塔，是明清以后出现的一种塔，它借鉴了佛教塔的形式，赋予了儒家重文兴教的内容。主要作用为镇压风水，昌盛文运。文峰塔多为地方官员倡议，文人富豪捐资，财力有限，建造水平也不能与以往同日而语，因此从建造规模到样式装饰，已经远远不能与前代佛教之塔相提并论。只是，随着人们对科举的企盼，文峰塔在人们心目中，却有着重要的位置，起到了重要的影响。文峰塔是中国特有的一种建筑形式和艺术表现。在我国乡土建筑中，文峰塔存量很多，有些地区几乎每个乡镇都有，也有风水塔的含义。主要分布在南方，北方地区较少，西北和东北地区罕见。以文峰命名，主要体现古人对文化、文风、文脉的重视。

从宝丰县泮宫南望，有一土岭，东西横亘，凹凸不平，宝丰县文人视其若笔架，遂以“文笔山”名之，又称为“笔山”“文山”。据清嘉庆《宝丰县志》记载：自明永乐十八年至万历四十七年（公元 1418 至 1619 年）的 201 年中，宝丰只中举人 12 名。万历年间，当时的宝丰县令范廷弼和文人学士，为使本地文运昌盛，多出人才，号召本县富豪士绅、官员百姓捐资，在笔山之巅修建了文峰塔（图 5-10），并立碑于塔下，题词为“文峰冲天，世出魁元”八个字，以此鼓励本县学生子。因塔位于笔山之上，又称之为文笔塔。许昌文峰塔又称文明寺塔（图 5-11），位于河南省许昌博物馆内，明万历四十三年由许州知州郑振光倡导创建。塔通高 51.3m，呈平面八角形，十三层楼阁式砖塔，由地宫、基座、塔身、塔刹组成。结构严谨，气势雄伟，为河南省200多座明代砖塔之冠。1963年被公布为省级文物保护单位，2006年5月25日被国务院批准列入第六批全国重点文物保护单位名单，“文峰耸秀”为许昌十景之一，全国重点文物保护单位。又称文明寺塔，建于明万历四十二年（1614年），由许州太守郑振光创建。

图5-10
宝丰文笔塔

安阳文峰塔（图5-12）位于河南省安阳市古城内西北隅，高38.65m，周长40m，因塔建于天宁寺内，原名天宁寺塔；又因位于旧彰德府文庙东北方，作为代表当地“文风”的象征，故又称文峰塔。文峰塔建于五代后周广顺二年，已有一千余年历史，为全国重点文物保护单位。塔五层八面。浮屠五级上有平台，下有券门，每层周围有小圆窗。塔坐落在一个高达2米的砖砌台基上。文峰塔的建筑，富有独特的风格，具有上大下小的特点。由

图5-11
许昌文峰塔

图 5-12 安阳文峰塔

下往上一层大于一层，逐渐宽敞，是伞状形式，这种平台、莲座、辽式塔身、藏式塔刹的形制世所罕见。

## 楼阁

中国古代建筑中的多层建筑物。楼与阁在早期是有区别的。楼是指重屋，阁是指下部架空、底层高悬的建筑。阁一般平面近方形，两层，有平坐，在建筑组群中可居主要位置，楼则多狭而修曲，在建筑组群中常居于次要位置，后世楼阁二字互通，无严格区分，不过在建筑组群中给建筑物命名仍有保持这种区分原则的。

承德魁星楼（图 5-13）始建于清朝道光八年（1828 年），由当时任承德知府海忠，为佑一方文化昌盛而建，因主奉道教之神“开文运点状元”的魁星神而得名，是全国最大的供奉魁星的道观。原楼立于半壁山之巅，是一座三间硬山布泥瓦殿，当时香火鼎盛，

图 5-13
承德魁星楼

为进香往来方便，还在半壁山下建立码头、茶棚。后来，魁星楼由于年久失修而毁。新建成的魁星楼位于原址半壁山上，占地一百余亩，其建筑规模比原楼要大出许多，又增添了许多富有文化内涵的新内容。整组建筑色彩绚丽，宏伟壮观，依山就势，错落有致。

魁星楼，又名魁星阁，是为儒士学子心目中主宰文章兴衰的神魁星而建的。在中国很多地方都建有“魁星楼”或“魁星阁”，其正殿塑着魁星造像。古时候，各地都有魁星楼，读书人在魁星楼拜魁星，祈求在科举中榜上有名。魁星楼具有浓厚的中华民族风格和地方文化特色，是灿烂的中国文化遗产的一部分。魁星是中国民间信仰中主宰文章兴衰的神，在儒士学子心目中，魁星具有至高无上的地位。东兰魁星楼（图 5-14）在东兰县城西南部

图5-14
东兰魁星楼

28km的武篆镇府内，清光绪三十二年（1906年）武篆民众筹款建筑，内分四层，匾勒“魁星楼”三字。东兰魁星楼是红七军前敌委员会旧址。

# 图片来源[①]

## 第一章

图 1-1：作者自绘

图 1-2 ~图 1-5：网络下载

图 1-6 ~图 1-11：作者自绘

图 1-12：王其亨 . 风水理论研究［M］. 天津：天津大学出版社，2005.

图 1-13、图 1-14：作者自绘

## 第二章

图 2-1 ~图 2-3：马爱民绘制或拍摄

图 2-4：王其钧 . 图解民居［M］. 北京：中国建筑工业出版社，2012.

图 2-5 ~图 2-23：马爱民绘制或拍摄

图 2-24：网络下载

图 2-25、图 2-26：马爱民摄

图 2-27 ~图 2-30：网络下载

图 2-31：马爱民摄

图 2-32 ~图 2-35：网络下载

图 2-36：马爱民摄

图 2-37、图 2-38：网络下载

## 第三章

① 本书图片来源已一一注明，虽经多方努力，仍难免有少量图片未能厘清出处，联系到原作者或拍摄人，在此一并致谢的同时，请及时与著者或者出版社联系。

图 3-1 ~图 3-10：网络下载

## 第四章

图 4-1 ~图 4-5：网络下载

图 4-6：http://blog.sina.com.cn/s/blog_9e5642700102wwa9.html.

图 4-7 ~图 4-9：李晓东摄

图 4-10：网络下载

图 4-11 ~图 4-14：李晓东摄

图 4-15、图 4-16：网络下载

## 第五章

图 5-1：http://blog.sina.com.cn/s/blog_148db4f520102wz6g.html.

图 5-2：http://blog.sina.com.cn/s/blog_445c1d970102vdxl.html.

图 5-3 ~图 5-7：网络下载

图 5-8、图 5-9：http://blog.sina.com.cn/s/blog_9bc046520102v79a.html.

图 5-10 ~图 5-14：网络下载

# 参考文献

[1] 钱云，郦大方，胡依然 . 国外乡土聚落形态研究进展及对中国的启示 [J]. 住区，2012（2）.

[2] 李立 . 乡村聚落：形态、类型与演变——以江南地区为例 [M]. 南京：东南大学出版社，2007.

[3] 彭一刚 . 传统村镇聚落景观分析 [M]. 北京：中国建筑工业出版社，1994.

[4] 藤井明著 . 聚落探访 [M]. 宁晶译，王昀校 . 北京：中国建筑工业出版社，2003.

[5] 闫杰 . 秦巴山地乡土聚落及当代发展研究 [D]. 西安建筑科技大学，2015.

[6] 王娟，王军 . 中国古代农耕社会村落选址及其风水景观模式 [J]. 西安建筑科技大学学报（社会科学版），2005，24（3）.

[7] 韦宝畏 . 从风水的视角看传统村镇环境的选择和设计 [D]. 西北师范大学，2005.

[8] 潘安 . 客家聚居建筑研究 [D]. 华南理工大学，1994.

[9] 李秋香 . 婺源 [M]. 北京：清华大学出版社，2010.

[10] 李秋香，陈志华 . 流坑村 [M]. 石家庄：河北教育出版社，2010.

[11] 孙大章 . 诗意栖居——中国民居艺术 [M]. 北京：中国建筑工业出版社，2015.

[12] 孙大章 . 中国古代建筑史 第五卷 清代建筑（第二版）[M]. 北京：中国建筑工业出版社，2009.

[13] 刘森林 . 中华民居——传统住宅建筑分析 [M]. 上海：同济大学出版社，2009.

[14] 刘森林 . 江南市镇——建筑 艺术 人文 [M]. 北京：清华大学出版社，2014.

[15] 楼庆西 . 大师带你读建筑：楼庆西通识五讲 [M]. 北京：清华大学出版社，2017.

**图书在版编目（CIP）数据**

乡土建筑 / 王召东著. — 北京：中国建筑工业出版社，2018.9（2021.1 重印）
（建筑科普丛书）
ISBN 978-7-112-22546-0

Ⅰ.①乡… Ⅱ.①王… Ⅲ.①乡村 — 建筑艺术 — 中国 Ⅳ.① TU-862

中国版本图书馆CIP数据核字（2018）第181022号

责任编辑：李 东 陈海娇
责任校对：张 颖

建筑科普丛书
中国建筑学会 主编
**乡土建筑**
王召东 著
*
中国建筑工业出版社出版、发行（北京海淀三里河路9号）
各地新华书店、建筑书店经销
北京点击世代文化传媒有限公司制版
北京京华铭诚工贸有限公司印刷
*
开本：880×1230毫米 1/32 印张：3⅝ 字数：86千字
2018年10月第一版 2021年1月第二次印刷
定价：21.00元
ISBN 978-7-112-22546-0
（32582）